文化·空间·场所
——大学校园规划设计

卞素萍　著

南京·2021

内容提要

本书以现代城市设计理论为核心，融合建筑学、景观生态学、建筑现象学、城市类型学、城市生态学等多学科基础理论，在大量实地调研和设计实践的基础上，从中西方大学校园场所的发展及特质解析出发，探讨大学校园规划及设计中文化要素的表达以及大学校园空间要素、类型、特征和空间组织等设计策略。大学多样化的交往空间与多元化的文化交流成为发展趋势，公共空间体系转变为功能空间与外部空间的交织、与交往空间的复合及与生态空间的交错等。本书对大学校园场所系统和场所营造进行探究，以期为塑造文化内涵丰富、空间特色鲜明、场所有活力且有故事的大学校园提供借鉴。本书适合于建筑学、城乡规划学、风景园林学、高等教育等学科领域的专业人士和师生，以及相关专业的爱好者阅读。

图书在版编目(CIP)数据

文化·空间·场所 ：大学校园规划设计 / 卞素萍著. —南京 ：东南大学出版社，2021.1

ISBN 978-7-5641-9486-4

Ⅰ.①文… Ⅱ.①卞… Ⅲ.①高等学校－校园规划－环境设计 Ⅳ.①TU244.3

中国版本图书馆 CIP 数据核字(2021)第 059723 号

责任编辑：朱震霞　责任校对：张万莹　封面设计：顾晓阳　责任印制：周荣虎

文化·空间·场所——大学校园规划设计

WENHUA · KONGJIAN · CHANGSUO——DAXUE XIAOYUAN GUIHUA SHEJI

著　　者：卞素萍
出版发行：东南大学出版社
社　　址：南京市四牌楼 2 号　　邮编：210096　　电话：025－83793330
网　　址：http://www.seupress.com
电子邮件：press@seupress.com
经　　销：全国各地新华书店
印　　刷：广东虎彩云印刷有限公司
开　　本：787 mm×1092 mm　1/16
印　　张：12
字　　数：240 千字
版　　次：2021 年 1 月第 1 版
印　　次：2021 年 1 月第 1 次印刷
书　　号：ISBN 978-7-5641-9486-4
定　　价：76.00 元

*本社图书若有印装质量问题，请直接与营销部联系。电话：025-83791830

前　言

Preface

现代社会的发展与高等教育的关系愈加密切，高等学校不仅是知识传授和学术研究的场所，更是增强国家创新能力、提高国民素质的重要基地，同时也是引领社会和谐发展的智慧之源和思想宝库。大学校园规划及设计要以自身的文化底蕴为基础，最大限度地为文化在建筑及环境中浸润与传播提供条件。校园的文化内涵建设，要通过校园建筑艺术传达深厚的文化意蕴，在多元化语境下，校园建筑丰富的体量、空间、群体、环境等设计使其拥有巨大的艺术感染力。大学校园是具有独特精神气质的场所，从人文角度去引导空间表达和场所塑造，以及从场所活力、景观识别、历史文脉延续等方面着手，使校园具有明确的认知参照系和清晰的认知意象，且全面渗透到校园建设中。

大学校园的形成是动态发展的过程，设计时应考虑空间的可生长性，考虑新旧建筑之间的衔接，才能适应多样化需求。设计者需要从大学校园的空间、场所、文化之间的关联入手，让大学校园成为一个充满意趣、拥有丰富文化内涵的场所。在注重多元化和个性化创作倾向的时代，校园规划及设计在传统与现代、国际性与地域性等多种文化交流和共存的基础上，创造新的审美价值成为必然。校园规划反映了不同历史时期的不同特征，也体现了校园文化的多元性、自由性及兼容并蓄，具有深厚的历史价值及人文底蕴。大学校园规划应从校园空间结构、建筑设计、景观标志设计等方面增强校园空间的识别性，增强人们的认同感和归属感；将场所精神引入大学校园规划中，有助于营造不同功能的空间，延续校园文脉。优秀大学校园的成长发展及不断演变的空间结构之所以能体现统一性，是由于每个局部都遵循同一个有机成长过程的原则且同其他局部相联系。规划程序应不断充实与修订以适应校园发展的新要求；校园规划需提高空间的适应性，对不确定的变化因素采用动态的调控，针对具体情况进行局部的补充、完善、调整、优化，以动态调控的手段求得动态的平衡。

本书力求为规划、景观及建筑设计人员的设计实践和在校相关专业大学生的学习提供参考和帮助，为进一步深入研究大学校园规划设计的理论抛砖引玉，为促进大学校园场所精神的深层表达和理性探索，以及为大学校园规划、设计和建设提供指导和借鉴。

本书的编写过程也是笔者的学习提升过程，在总结与思考中笔者进一步认识到大学校园规划及设计内容的复杂性。它涉及规划、建筑、景观等整体的设计观念与方法，重视校园独特文化和地域性特征价值的发掘和营造积累，才能建设有归属感的校园环境。由于笔者水平有限，书中疏漏之处敬请批评指正。

2020. 9

目 录

Contents

第5章 大学校园场所系统与场所营造 / 161

第1章 大学校园场所发展

从大学形成之初的讨论、演讲、讲经布道、辩论，到大学发展成熟，高等教育精神中包含着教育和科研并重的思想；同时校园精神也体现在校园不仅是传承知识的殿堂，也是思想交流汇集的场所和新知诞生的摇篮。在国内外高教发展历史上，由于文化背景的变迁、教育目标的变化和地域差异，校园形式也有所差异，校园交往场所在一定程度上反映着高等教育的发展水平，体现着校园魅力。

1.1 西方大学校园场所的发展

大学如同亚伯拉罕·弗莱克斯纳(Abraham Flexner)所说，是指有意识地致力于追求知识、解决问题、审慎评价成果和培养真正高层次人才的机构。19世纪上半叶，工业革命发展使自然科学分化和专业技术分工细化，高等教育结构随之改变。德国教育理念的变化体现在强调"发展"知识而不是"传授"知识上，且逐步影响到欧洲各国，对美国大学也产生了冲击。此时美国的教学思想追求校园城市化、开放化的理念，大学蓬勃兴起。受民主教学理念影响，美国大学校园建设具有更灵活、开放的特点，表现为校园与社会紧密联系和接触；分散的建筑形式突破了欧洲古典校园单一的规划模式，便于学生间的交流；注重校园环境建设、人文景观的塑造及交往空间的再造，并开始出现建筑群体的组合和功能分区。牛津学者约翰·亨利·纽曼(John Henry Newman)强调大学理念中对古典文化传统的保持等，20世纪初这些新的教育理念影响了世界很多国家。

1.1.1 工业革命至19世纪末西方大学校园

工业革命的兴起使科学技术的重要性日益突出，近代大学出现了蓬勃发展的势头。德国率先发起了大学改革，提出了“大学自治”和“学术自由”以及大学要开展科研，为发展科学服务。研究型大学模式被认为是“19世纪的理想模式”，为各国仿效。德国柏林洪堡大学的前身是柏林大学，是第二次世界大战(简称二战)前的世界学术中心，创办于1810年，也是柏林最古老的大学。洪堡大学是世界上第一所将科学研究和教学相融合的新式大学。它从成立起就确定了全面人文教育的办学宗旨，成立时有四个传统系科即法律系(图1-1)、医学系、哲学系和神学系。它指出大学要为培养完人提供适宜的环境，即要求：(1)环境多姿多彩。(2)学术自由。既要给教师教学和研究的自由，又要给学生学习和研究的自由，发展他们的独立思考能力和独创精神。(3)有利于交流与合作。由此大学的场所特征表现为位于城市核心且向城市开放，大学空间与城市空间没有区

图1-1 洪堡大学法学院

(图片来源：https://baike.baidu.com)

分且成为城市重要的组成部分，包括街道、广场等；建筑布局具有明确的轴线且形式对称，其中轴线布局发展成近代大学的基本格局；学生宿舍不是大学的组成部分，学生寄宿在大学附近的城市公寓中。

英国大学包括三类：一是建校八九百年，主要是以神学教育或贵族教育为起源的传统大学。二是建校一二百年，校园建筑以哥特式红砖建筑为特色的市立大学，是维多利亚时代的一种风格；三是 20 世纪 80 年代末 90 年代初，由技术学院改制而成的新大学。红砖大学是工业革命后以平民教育为宗旨，同时应当地需要而建立的市立大学，主要对学生提供实践方面的技能知识。

美国第一所大学是 1636 年创办的哈佛大学。从 18 世纪末至 19 世纪 80 年代，美国大学的数量由 24 所上升到 300 所。1876 年霍普金斯大学建立，它以学术研究为主，在国内首创研究生院。哈佛大学、耶鲁大学、哥伦比亚大学等都以德国的大学为榜样，向学术型方向发展。19 世纪末，世界高等教育的中心由欧洲转向美国，女性有了受高等教育的权利。与英法等国大多在城市中心区开设大学不同，美国只有少数大学位于城市中心区，多数设于郊外，且由于没有围墙，与大自然浑然一体。

1.1.2 西方近代大学校园

17～19 世纪，随着资本主义工商业和自然科学的发展，高等教育在形式和内容上逐步完善。18 世纪美国民主自由的精神也渗透到大学校园，即从只为培养统治人才到兼顾培养科学人才，形式多样且扩大了招生规模。随着人数的增加，各学科开始单独设楼，这种专门化的教学楼为分散的开敞式校园结构奠定了基础。近代西方大学校园为开敞分散的空间模式，校园规划出现简单的功能分区，教学区一般位于中心区，中心广场作为节点而出现；边界不再是四周的防御性围墙，而是与外部有了相关的开口且具有一定的透明性；宽敞开阔的大片草地突出了场所稳重宏伟的气氛。这时期宗教对大学的影响减弱，大学提倡学术自由和对社会开放、民主自由的精神已逐步渗入其中。

由美国总统托马斯·杰弗逊规划的弗吉尼亚大学是此时期校园的代表。其特点为：一是校园向社会敞开，以保证师生与社会有广泛的接触以拥有丰富实践知识；二是各学科单独设楼使校园内建筑分散，不同系科学生之间缺乏联系、沟通。校园边界具有一定的渗透性，使得校园空间成为城市整体中的组成部分，中轴线上开阔宽敞的大草坪丰富了空间内容，校园以绿地为中心且以图书馆为主体，由廊道围合成半开敞的三合院，从而打破了四合院的封闭感，有利于师生的身心健康和交流。19世纪末，美国著名建筑师欧姆斯特主持加州大学伯克利校园的规划，主张校园应接近城市，提倡环境应是自然的、公园式的，并能陶冶学生的情操和培养文明的习惯。而布置在公园式场地上的非对称的建筑群，逐步形成后期美国大学自由式布局的风格。美国大学还重视开展体育活动，校园里设有体育馆、运动场、游泳池等设施。以图书馆作为校园中心建筑突出整体布局开放性的形制，在美国得到广泛普及。该规划模式对此后其他国家的校园规划产生了较大影响。

美国多数大学校园常有明确的领域界线，大学已成为独立的社会实体，是功能完善的小社会，学习、生活、娱乐、运动、社交等设施齐全。校园形态的创新趋势体现了开放性以及建筑与大自然的融合，特征是总体的低密度、林荫道、多轴线布局、建筑环绕绿色开放空间形成聚合，其中由开放型围合空间组成了院落体系，空间变化具有很强的适应性且能满足成长规模的要求，轴线与围合的方法形成的校园空间近似于城市的广场与街道；校园轴线向外延伸，将大学空间的结构与校园外部连成一体。

1.1.3 西方现代大学校园

二战后美国大学的成长最为快速，因继承并超越了德国大学重研究和英国大学重教学的传统，大学从原来独立于社会的个体发展到彻底参与社会，成为社会发展的“服务站”，同时其注重学术与市场的结合影响了许多国家。欧美综合性大学的规模扩大及选址多样化，推动校园环境和景观形态也趋于多元化。20世纪初科技的综合化发展趋势成为主流，越发强调各学科之间的相互配合。德国哲人卡尔·西奥多·雅斯贝尔斯(Karl Theodor Jaspers)在《大学的理念》(*The Idea of the University*)中指出真正的大学须具备三要素，即学术性的教学、科学与学术性的研究、创造性的文化生活，三者不可分割。上述理念对现代大学校园的影响更明确，即积极满足教学需要，且为讨论式、辅导式教学提供更多的交往空间。

1919年，瓦尔特·格罗庇乌斯(Walter Gropius)在德国魏玛创立了著名的包豪斯学校，它是一所融合美术、设计、工艺、建筑等学科的学院。包豪斯的设计摒弃了对称的规划形式，形成以功能组块为核心的设计方法，为师生创造了更多的交流机会，在校园规划中具有革命意义。校园的发展规划需要强调建筑空间的灵活性、校园的可生长性等；要满足个体对校园产生认同感，应使活动集中在五分钟的步行范围内（大型新校园为十分钟）。校园设计强调内部交通流线在校园布局中的主导作用，打破传统的分区方法，常以某确定的核心为起点，向四周发展成线形或多个分支的形态。其中线形校园平面有清晰可生长的基本骨架，由步行街、架空平台和服务设施组成，其形态特征是低层高密度、集中、连续，校园成为各部分紧密联系且不断演化的动态的整体。

大学校园在内容上与城市有相似性，因有明确的功能分区以及与社会的多方联系，许多新校园规划选址开始与城市相靠近，并以大学为核心建成科技园，使其建设与社会更密不可分。杜威(John Dewey)把教育看作是对生活的适应，并要求把学校办成和现有社会一样的环境，可概括为“教育即生活，学校即社会”。在现代多元化时代，建筑与文脉、人与自然、现代与传统进入了共生状态。大学校园单一固定化模式已不能适应发展需求，这时西方大学校园布局形式转向自由灵活，校园形式从聚合走向了分散。因教学与科研结合的形式多样，校园结构向注重学科联系和加强师生之间交往的“有机开放型”方向发展，使各专业、各学科间保持着密切联系。校园中的活动包括学生的日常生活和各种课外交往活动都成了教育过程中互相渗透、不可分割的要素。此外，校园与城市的融合，拓宽了学生的知识面并增强了其社会活动能力。大学周边设置向社会开放的设施，使社会与学校相互协助、服务。20世纪60年代，为满足更多人进入大学深造及培训，出现了“科技”大学和“绿野”大学。一些新建大学在城市之外的田野中建立新校园，它们有优秀的建筑、优美的环境以及一流的设备，成了英国新一代大学的典型。

大学因教学和学习模式的转变而变化，地域性大学和校园的传统角色正被全球教育设备（科技发展）所改变，例如虚拟校园的提出等。校园场所的性质发生改变，未来的大学校园将成为信息化校园，成为网络化、数字化、智能化有机结合的新型教育、学习、研究的平台。现代大学从以教学为中心向以学生为中心的学习环境的转变要求大学提供新的学习资源。大学是个微缩的城市，校园丰富的功能类型包括教育设施、图书馆、博物馆、研究中心、实验室、服务机构、公寓以及运动和娱乐场所，还有课外活动如教堂、餐厅、商店和银行甚至医疗中心等。大学场所设计越来越重视大学最初的本质，设计者对师生跨越各自学科界限而趋于集中的聚合场所的研究逐渐深入。此外,一些校园场所的设计力图适应科技进步并满足学生的学习要求,标志着建筑设计理念的深刻转变。大学更多是与城市设计相结合的整体规划,注重塑造以人为本和可持续发展的生态环境。

1.2 我国大学校园场所的发展

1.2.1 我国近代大学校园

与西方不同,我国高等教育中交往空间的演变表现出文化上的延续性、稳定性及内敛性。19 世纪教育以“中学为体,西学为用”的教育思想为主,以学习西方自然科学为辅。这时期的教会大学,初期大多利用教堂或民居改造,后期则模仿书院的布局方式独立建设校园,如汇文书院(后改名为金陵大学)等。北洋大学堂的规划以美国哈佛大学、耶鲁大学为模式,成为当时新式大学的模式。该时期课程设置简单,教学设备较少且规模不大,大多将旧有的书院或科举贡院、官府衙门等作为校园,为师生创造了安静的读书环境,但不够重视室外交往场所的设计。19 世纪后期西方传教士在华开设了一大批教会学校,著名的有岭南大学、金陵大学、震旦大学、燕京大学等。

受西方校园规划思想和手法的影响,外国建筑师及中国早期建筑专业留学生创造了一批优美的大学校园。美国建筑师墨菲(Henry K. Murphy)主持制定了清华大学校园规划、武汉大学规划以及燕京大学规划等。其中,清华大学校园规划是我国近现代大学中最早采取明确的功能分区方法的实例,是园林校园的代表之一。校园以大草坪为中心,大礼堂、图书馆、学生宿舍和教学楼等围绕大草坪大致对称布置;借鉴我国传统的造园手法,以湖面、高塔为构图中心结合轴线组织校园,建筑布局张弛结合。这时期国内还涌现了许多优秀的大学规划及设计作品,例如杨廷宝先生对东北大学的规划,校园通过多个轴线均衡布局建筑,以图书馆为整体校园的中心,以各个系科为单元,其中教学区庭院设计尤其注意人的使用需要,幽雅大方又有着西方古典学院的气息。

中国近代大学出现传统与西化并存的空间模式,受西方影响且借鉴欧美近代大学学院派的规划体系,即主要建筑面对大广场的开敞式布局以及结合中国传统院落式布局；校园内交通模式简单且以步行为主；大学校园规划有明确的功能分区，以中轴对称手法布局建筑群，建筑风格为中西兼容，例如清华大学的图书馆仍是校园的标志性建筑，利用中心广场或庭园作为重要节点组织建筑群体。当时校园多充分结合现有优美的自然条件，体现了中国传统的园林意境，场所气氛更加亲切、自然且顺应地势。在中西方文化交融的背景下，中国近代的大学精神被赋予新的内涵即兼容并蓄、自由、自治。建国初期大学主要学科专业归并，使学科间的联系和交往受限，在校园规划上以苏联莫斯科大学校园规划为典型，讲求教学区雄伟气魄，大主楼、大广场、中轴对称等成了这时期的主要特征。

1.2.2 我国现代大学校园

中国现代大学的设计力求以系统的思维来思考校园格局的整体性。随着校园规模扩大和功能的日趋复杂，规划依据各学院不同的办学特色，形成特有的空间格局、功能布局、景观环境、建筑风格等，突显学院的专业特色。单一的校园空间正向场所复合空间转化，所以要将各层次外部空间连成整体考虑。规划与建设从重视建筑单体设计转向群体关系与外部空间的创造并重上，即建筑单体是限定与围合外部空间的重要界面，而外部空间是建筑单体的背景与衬托，两者力求相互协调统一。

20世纪80年代是我国大学校园的恢复期，规划强调入口广场的设置且常设雕像形成视觉中心，功能分区包括教学、行政、体育、学生宿舍、后勤、教工住宅、科研区等；选址多在大学集中、自然环境较好的城市边缘，尤其在南方地区，许多大学选址于依山傍水、风景秀丽的风景区；主楼前广场配以修剪得当的花草树木、广场中心喷泉、雕塑及其他小品，烘托校园的学习氛围，而宿舍区多用自由的绿化道路组织，曲折的小径、亭台、楼榭等与自然风景有机结合，营造出和谐的气氛。这一中国特色整体集中的空间模式在我国多所大学进行了探索。大学校园基本是建筑低密度布局形式，建筑风格转向现代主义，同时较多地出现一次性投资建成的趋势，如深圳大学、汕头大学等。以教学楼、图书馆的组团布局形成校园中心，道路系统注重人车分流，形成多层次交往空间。90年代以后许多大学因面对用地紧张和师生数量增加的局面，规划开始尝试建筑高密度布置和建设高层建筑的倾向，形式多样化且环境宜人的校园空间，并在以下三方面的特征明显。

系统化设计趋势:随着人们生态环境意识的提高和技术手段的进步,利用信息技术手段提高大学机构的运行效率,扩大受教育人群和探索教学新模式,成为大学改革与发展的一部分。尊重环境的自然属性且整体考虑生态、社会、文化等环境及其相互关系成为趋势;大学校园建筑外部空间设计通过综合考虑环境和气候因素及生态观念等来营造高品质空间。

产学研协作模式:大学校园在产业、经济及科研方面与城市的联系日趋紧密,成为城市快速发展的重要支撑点,提升了城市综合竞争力且加速了城市化进程。校园功能城市化体现在原有大学校园社会功能向城市转移,大学则专注于教学、科研与产业化;出现了从封闭走向开放的城市化校园空间。

郊区大学城拓展:为缓解大学在城市发展的用地不足问题,郊区高教密集区的出现调动了政府、大学、企业及社会各方面的积极性。在城区土地有限的情况下,许多城市开始尝试用土地置换手段来发展教育,即在土地价格相对低的市郊建大学城。这不仅加快了旧城改造和新城区的开发建设,满足了高校发展要求,同时促进了高校的资源共享和城市发展。

1.3 中西方大学校园场所比较

中西方大学校园发展的时间历程及过程的不同,以及两者不同的特征及校园空间设计方法,对我国目前大学校园的规划设计有着诸多启示。只有深入理解国内外大学校园场所演变的历程,才能从中吸取精华,洋为中用。通过对建筑、规划、景观的全面思考,创造出自然而优美的人文环境以提升校园的学术氛围。

1.3.1 中西方大学校园场所共性特质解析

何镜堂院士在2015年"海峡两岸大学校园研讨会"中指出,现代大学要以整体性、多样性、人文性、文化性和生态性作为校园空间设计的基本原则。校园创作不但应满足使用功能的基本要求,更应强调营造校园的文化氛围,体现和弘扬校园自身的特色,这需要从校园建筑的地域性、文化性和时代性入手去不断挖掘建筑语言来塑造的大学校园,植根于具体的自然环境和人文环境中,形成校园鲜明的个性和地域特色，展现校园建筑应有的典雅品质，在设计上力求表现时代精神，适当地运用新技术、新工艺和新材料，在设计创意上不断尝试新思路和新手法，塑造21世纪中国大学校园的新形象。

(一) 地域主义的思考

校园与地域之间是相互依赖的关系。地域文化是校园文化的土壤，而校园文化又以其开放性、批判性和创造性反作用于地域文化，推动着地域文化的重构，为地区注入新的文化内涵，大学带动了地域文明的繁荣。校园规划的地域化强调综合地域的自然环境条件、气候特征、城市文化及校园文化等特点，注重地域文化在校园中的体现，把有地区文化特色的建筑布局模式、环境景观特征加以总结抽象、借鉴并运用于校园中，营造有特色的校园空间与文化氛围。

(二) 规划特征的把握

当代高校因各自的发展需采取的办学模式各异，校园规划的策略丰富且多元化。如历史悠久的老校区规划时优先尊重原有的结构肌理，使新增部分有机地纳入其中且做到新旧相融。而异地新建的校区规划是建立良好的既满足现在又适于长远发展的结构框架，处理好功能分区及交通组织，并应对基地的特殊条件创造出自身的特色。在城市内部的校区，其规划重视校园与城市之间、校园与校园之间的融合、互动，校园设计要遵从城市的整体结构，研究好共享区域的设计。探索产学研一体化结合的模式是要处理好校园内外的联系，并根据自身的具体类型和具体问题探索相应的规划模式。

(三) 整体规划布局理念

整体规划理念关注的是校园内部形态秩序的调和，包括空间使用体系、交通空间体系、公共空间体系、景观空间体系、自然历史资源空间体系等。例如在一些特殊地段，如果将规整一律、均匀对称等模式化的布局形式强加在本身就充满变化的地形条件下，会让人感到不协调，其围合的空间形态也会显得无序，所以建筑群体就要随地形的变化布置，建筑群体的组合要与地形相结合才能形成有机统一的整体。再如在有中国传统风格的校园规划中，重在突出了环境空间的自然美。历史上许多名校在规划建设时很好利用了特定的地形地貌和周边自然景观条件，使整体布局特色鲜明。

(四) “人文校园”设计理念

当代大学校园规划和设计不仅要追求空间的功能，更要追求空间的品质，创造有人文意蕴的空间环境。校园建筑要体现作为教育场所的文化特质，考虑和尊重使用者物质和精神需求，创造满足师生学习和交流要求的空间。在校园规划设计中尊重原有校园的传统，体现"人文校园"的设计理念。加强对老校区景观环境的保护，具有浓厚的历史价值和具有广泛社会影响的建筑要采取保护、修复的方法，尤其是有一定历史和艺术价值的校园建筑和景观，在保护与更新时，要注意维护其文化性和教育性。新校园则突出延续城市的文脉、肌理以获得校园环境和景观质量的提升。

（五）"生态校园"设计理念

校园规划设计应尽可能地节地节水、降低对能源的消耗，具体策略包括在建筑设计中强调与自然相协调，强调室内空调、通风等的研究与创新设计。充分利用太阳能、风能等可再生能源，推广太阳能热水器、光电屋面板、光电外墙板、光电遮阳板等新能源集成技术。尽可能选用绿色建材，积极利用环保新型材料且加强废弃物的回收利用，采用新型建筑材料与特殊构造实现建筑节能；构建无污染交通系统；利用自然条件调节校园内局部的微气候；重视校园内污水处理、垃圾分类、生物保护等问题；除形成自身的绿色环境外，一些大学还在为更广阔的社区提高生活质量和提供绿色服务中扮演着重要角色。

1.3.2 中西方大学校园总体形态特征类型解析

大学校园场所的总体形态特征主要有线型、核心型、网格型、复合型四种基本类型。

（一）线型空间模式

线型模式是沿一定线性元素组织和扩展校园空间，犹如城市设计中街道空间是城市各区域的发展轴，形成一种流动的、线性的空间形态。线型模式具有良好的宏观控制能力和扩展能力，有利于组织完整的景观环境以及利用现有地形地貌现状因势利导，形成曲折有致的校园空间。该模式是受带形城市理论的影响即以交通干线作为布局的主脊，通过街道将不同功能区域有机整合，从而满足城市的功能发展和塑造出完整的城市空间形象。

线型校园空间由各种不同性质的空间轴线组织，依据空间功能可分为道路轴线、绿化景观轴线、空间发展轴线、视觉联系轴线等形式。空间轴线可将不同功能空间串联起来，使其形成完整的空间序列，建立良好的空间体系，体现空间的发展肌理。主要的校园建筑群体沿线形发展带分布，公共教学空间和教学服务设施等建筑物集中布置，用校园中央干道将这些设施串联起来，向两端延伸，专业教学和研究设施则沿核心两侧发展。英国巴什大学(University of Bath)在以街道为中心的布局中，将部分宿舍置于科研教学建筑的上部，公共设施借鉴步行街的设计特点，如餐饮、旅馆、商业服务及学生活动中心等沿街布置，形成有活力的环境(图1-2)。学校未来发展是用立体的线形道路网来控制，并在地面下设有连续分布的供应设施。各教学区以不同速度发展和变化时，能方便地进行调整或扩建。英国巴什大学在规划上从总体布局到细节设计都考虑了未来的发展与变化。

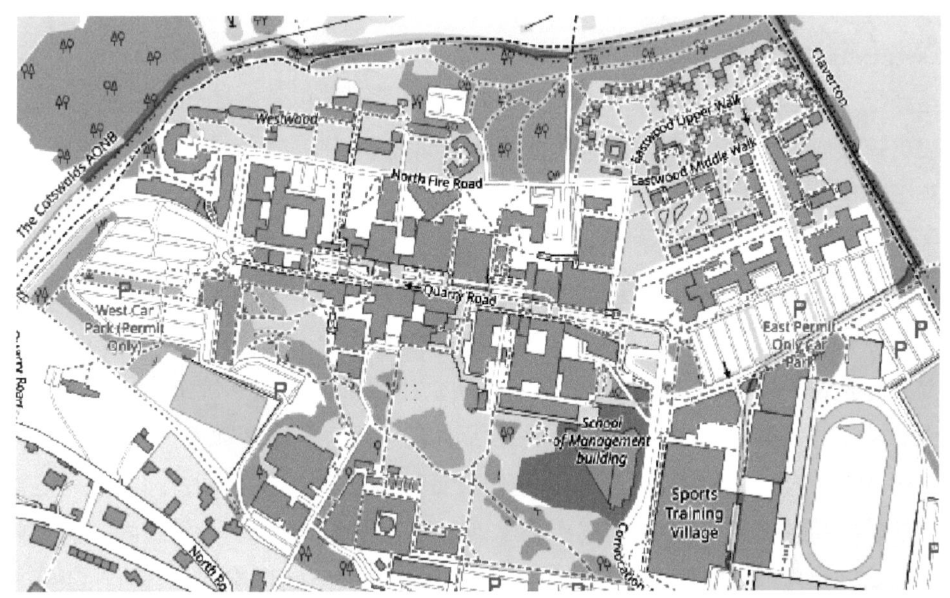

图1-2　英国巴什大学

(图片来源：英国巴什大学官网)

(二) 网格型空间模式

网格模式是利用标准化规划单元，以标准网格覆盖基地，控制校园的生长方式和建筑基本形式。该模式的特点就是校园格局清晰，灵活性较大且有利于校园的生长；建筑群体采用统一模数划成格网，即建筑根据功能要求按照格网灵活组合，有利于标准化、机械化，降低造价，加速施工进度。网格型是一种适应密集化、城市化而形成的规划形态。如从校园空间形态划分，实际上是由许多动线形空间与核心空间的排列组合。这种模式以网格化道路作为交通骨架，相应网格中布置建筑与广场；也有以建筑形成网格，进而组织校园空间。德国GMP事务所的长沙岳麓山大学城设计遵循的原则包括组织结构的条理性，网络结构、模数系统、制约度和自由度的平衡、多样与统一的平衡等。从最初均匀规整的街块系统出发，在各特殊地段条件下创造出多样的变换模式，在建筑单体和整体之间建立关联性，形成流畅的建筑形式和丰富有趣的空间序列。

（三）核心型空间模式

此模式适合规模较大的综合性大学，将建筑群体以某一点为中心发散布置，构成要素围绕核心呈放射状或环状布置，由此形成个性鲜明的空间形态，有利于强化中心区在校园空间中的独特性；在设计中注重形式与功能的有机结合，使其达到统一整体的效果。校园一般有中心广场式或大面积的水景、山体、绿地等形成单核型或多核型，它主要利用实体公共空间或景观公共空间作为核心，易形成校园发展主线，以控制校园整体结构，因布局结构紧凑，有利于节省建设用地；由于组群各部分相对集中，则使用上联系方便，组群集中体现了较强的凝聚力，给人完整而深刻的印象。诸多规模大的大学常利用综合体的优势，即各科系或分院的综合体或建筑群各有核心，形成多中心型校园，既不会相互干扰，又有利于分期分批相对集中的进行建设。建筑组团借用了生命体的有机组成方式，除了强调功能的完整性与综合性之外，还要求体现空间的多样性和人性化氛围。各组团拥有各自立体化中心与多层次的步行系统，形成独立高效的运作系统，以达到功能空间的高度整合、空间层次分明且组合丰富等多方面的效果；在有效控制校园空间尺度时，形成多层次、多中心的立体化校园空间形态，为组团生长奠定了物质和空间基础。

美国加州大学尔湾分校（UC Irvine，University of California）校园的建筑布局以校园中心区为核心，并将类似功能的建筑群围绕核心区布置。该模式结合自然地形，建筑群围绕一圆形开敞空间布置，平面呈放射性，主体教学建筑围绕这一绿化广场放射性布置；建筑形式自由但都具有明显的向心性。机动车交通则做周边式处理，从而赋予了校园步行优先权，使空间形态有了较强的聚合性和整体性。校园内的组群以中心区为核心布置，四周环绕的形态结合地形自然展开并有机生长（图1-3）。

图 1-3　美国加州大学尔湾分校总平面

（资料来源：美国加州大学尔湾分校官网）

(四) 复合型空间模式

无论是从当前弹性多变的功能适应性，还是从校园空间形态的创造性，复合型空间模式在功能适应性和空间形态的创造上都有其优势，能满足人们的多种需求，空间节奏的转换、多样空间的结合、动静空间的结合等都是行之有效的规划方法。大多数的校园是由多种形态组合而成，各种模式彼此相互交叠形成复合形态的综合体，是实现校园空间结构复合化的重要手段之一。通过不同模式的复合，综合控制大学校园的发展与建设，以获得不同特色的校园空间环境，这有利于改变校园风格趋同化的状况。相对于院落型的空间，自由组合的建筑群体所围合的空间更具动态性和穿透性，更利于创造活跃的学术交流气氛，同时这种空间的组合形式对功能及地形的适应性更强。因现代大学规模扩大且空间构成方式趋于多样，故采用自由生长型的空间组织方式，可避免单一空间模式带来的功能上的局限和空间形态上的单调感，形成有机统一的空间形态。

1.3.3　中西方大学校园场所发展的特质解析

西方大学的建设目标转变为鼓励学生接触社会、参与社会实践后，加快了信息传递交流速度，大学从一个封闭的教育机构转变成一个多元开放的社会综合体。东西方大学校园设计的不同处理方式与植根于各自文化背景的审美取向及思想观念，有着紧密的联系，东西方的思维差异很大程度上影响着大学校园的设计师的设计思考。场所精神指场所的特征与建筑环境、人本主义等学说相关联，建筑现象学认为：好的场所存在着丰富的场所精神，这种精神来自地景、建筑及人的塑造，同时也将反过来影响人的行为。西方古典校园空间由封闭到开敞，西方校园空间的场所精神强调校园向城市开放及以人为本的观念；其场所精神体现在其对人们活动的接纳以及其可达性、开放性。中国古代校园空间的场所精神便是意境，意境重在激发人们的想象力。大学与社会的互动性加强，因此要营造具有深厚文化底蕴又具现代感的校园，要体现历史传承与人文精神，以可持续发展为导向，将校园塑造成真正具有独特内涵的场所且融入当地历史、地区情感与需要。长期以来，中西方大学是在相对封闭的系统内各自独立发展，形成了形态迥异、差别较大的校园形式。因中西方大学场所的变迁具有悠久的历史，又有各具特色的发展历程和内容，彼此间有互鉴之处。而随着双方文化、技术的不断交流，近代大学走出了诸多共同的历史印迹，从而展现了其无穷的魅力。

中西方校园设计存在着两种不同的途径：一是基于中国传统校园观念，以中国传统建筑为本体的，吸纳西方校园文化和特征的途径；二是基于西方建筑观念，以西方建筑为本体的，吸纳中国校园文化和特征的途径。通过中西校园场所共性与异性特质的比较(表 1-1)，从中找出东西方差异且对自身文化有更清晰的认识，同时引起我们对自身文化的重视，即中国大学的发展道路，既要向外借鉴，更需要在向自身文化中不断探寻。我国设计师需要借鉴西方校园建设经验，吸取我国传统校园规划的思想和精髓，应该采用“扬弃”的理念，更新校园空间设计方法，结合校园的实际，借鉴、学习西方开放型的校园空间布局，由此创造出与时俱进并蕴含优秀传统文化的校园。综上所述，当前大学校园设计是在对环境“理性尊重”的基础上采用各种“对话”方式，以合理的形态建立起与历史环境的和谐关系。

随着全球范围内经济的发展和科技的进步，当前高校规划建设面临新的挑战，动态地探寻正确的校园规划设计理论和方法，以适应大学理念、角色和功能的变化，将其作为一个完整的结合体充分考虑，高校就会永远充满生机和活力，并保持协调有序健康地发展。随着时代的发展，现代校园设计也将更加注重校园与生态环境的和谐统一，在传统与现代、国际性与地域性多种文化交流和共存的基础上创造具有新的审美价值的校园。

表1-1　中西方大学校园场所的异性特质

	西方	中国
场所设计	西方大学校园场所主从分明，重点突出，空间序列段落分明，均衡对称，有明确的轴线引导，总体给人秩序井然和外向开放的印象。	中国大学让人们身处意蕴丰富的情境中，中国校园场所力求含蓄、深沉、内敛，给人内向隐匿的印象，以符合中国人的审美习惯和观念。
整体布局	通过场地网格控制等途径建立起与环境的内在逻辑联系；体量上常用整体感较强的形体组合，校园中常有标志性的单体建筑，中心常有广场等要素。	在整体布局上借鉴古典园林或传统院落进行空间组织；体量与高度控制上体现融合，院落是建筑空间的主体元素，常为较闭合的空间。
空间特色	工业革命后，世界的高教中心从欧洲转移到了美国。打破了中世纪四合院的封闭感，形成了西方学术自由、开放独立的教育模式，同时鼓励师生交流。	从古代高教模式发展到书院建筑群模式并趋于成熟，其形象端庄、古典、严整。雅致的环境体现了文人所追求的空间意境。
造型特征	建筑造型以方、圆等基本几何形体或在此基础上进行增减等现代处理，附以细致的环境设计，以"新旧对比协调"的设计态度与历史环境的统一；材料与色彩自由，但仍以典雅为主。	建筑造型采用传统符号及典型做法，形体处理上化整为零，以适宜尺度融入历史环境。个体建筑在整体布局中有等级划分但不凸显。近代大学也吸收了西方校园造型特征。
开放程度	西方大学从博雅教育到教学与科研结合到产学研一体化，并将大学教育放到重要位置。教学、科研、管理用房与城市建筑相互融合。从整体上看大学和社会无明显区分，两者设施可共用。	教学区、实验区、生活区、运动区等都集中在校内。大学与外界相对分离，但大学的科技园区、体育馆等设施逐渐向社会开放，体现高校与社会的共享。校园与城市用围墙进行分隔，相互联系又彼此独立。

参考文献

[1] (英)马丁·皮尔斯(Martin Pearce)著. 王安怡，高少霞译. 大学建筑[M]. 大连：大连理工大学出版社，2003.

[2] 盛露鸣，王云. 寻找失落的空间：大学校园空间形态、场所特征的流变与发展[J]. 上海交通大学学报(农业科学版)，2007，25(3)：203-208.
[3] 江浩，王伯伟. 大学形态的原型分类[J]. 新建筑，2007(1)：16-19.
[4] 张健. 欧美大学校园规划历程初探[D]. 重庆：重庆大学，2004.
[5] 蒋涤非. 城市形态活力论[M]. 南京：东南大学出版社，2007.
[6] 申文波. 关于节约型生态校园建设的思考[J]. 河南科技，2010(14)：134.
[7] 林燕，黄骏. 教育理念引导下的大学校园规划创新：澳门大学横琴新校区设计探索[J]. 华中建筑，2011，29(7)：62-66.
[8] 张旭红. 中美大学校园空间之比较[J]. 建筑学报，2006(11)：80-84.
[9] 林垚广. 浅析中西方的建筑与文化[J]. 南方建筑，1999(1)：22-23.
[10] 董国红. 中西方城市空间特色比较[J]. 新建筑，1997(1)：6-8.
[11] 白同平. 高校校园文化论[M]. 北京：中国林业出版社，2000.
[12] 高志强，郭丽君. 学校生态学引论[M]. 北京：经济管理出版社，2015.
[13] 蔡凌. 中国近代大学校园与建筑[M]. 北京：科学出版社，2019.
[14] 程莉. 新时代大学校园文化建设[M]. 北京：中国原子能出版社，2020.

第 2 章

大学校园建筑规划设计与文化要素的表达

高等教育建筑是育人的环境空间。因此，教育建筑的功能首先应满足以学习者为主体、教师为主导的教与学，师生间及学习者间的相互交流，师生生活，社会终身教育等的物质需要；其次，尊重大学校园环境的人文性、艺术性，并使其具有高品位的文化氛围，给师生以精神营养和潜移默化的熏陶；同时，大学校园还要具有生态环境和可持续发展的功能，以适应未来教育的需要。

大学不仅要提供足够的教学活动，还要创造一个可学、可居、可游的校园物质环境，表达大学精神且彰显其人格教化的特色价值；充分尊重地域特色和自然风貌，营造开放、自由、文化内涵丰富且极具特色的空间氛围。因城市文化、地域文化与校园文化彼此关联，大学精神根植于它的校园建筑、空间特色、历史文脉和教育特色等之中，这些要素已成为大学特有的教育资源，发挥着重要的教化作用。大学文化的核心价值观是大学文化的精髓，是在长期发展过程中积淀下来的精神、观念、发展目标、修养、行为取向等的总和，记载和延续着学校的学术传统和发展特质，是大学的精神家园。大学的规划及设计除了要反映大学文化的核心价值观，还要综合体现校园空间、场所与文化三者之间的联系，以一种隐性的形式体现高校教育的发展历程；同时高校校园文化建设还要考虑受众师生的文化层次和审美诉求，在文化景观的营造中体现人文关怀。

2.1 城市文化与校园规划的融合

今天的校园与城市协调发展的思想已渗透到了大学建设的各个角落，校园建设不再局限于自身层面，大学与城市的一体化建设已成为城市发展的主导思想。现代大学校园的建筑风格、内部功能、外部环境等形成了有机整体，而统一性是有活力的校园不可或缺的基础,校园空间包括了功能、文化、地理等多方面特征,其形成是由实体物质形态构筑的。同时,校园虽是城市的一部分,但校园作为学习场地,有自身的功能要求和特点。因此,在处理校园规划与城市规划的关系时,即要体现校园建设的独立性,同时又要考虑城市组成部分的相融性,充分发挥两者的最大潜能,做到真正意义上的对话和互动。

2.1.1 城市与校园的协调发展

大学与城市的关系在历史发展过程中相互依存,互为支持。从目前的实践来看,我国大学与城市协调发展的思想正渗透到大学校园管理、设计、评价等各领域,其规划设计已不再局限于解决校园内部矛盾,而是拓展到积极参与城市环境建设,推进“一体化”发展模式 。

波士顿被誉为“美国雅典”,有哈佛大学、麻省理工学院、波士顿大学、塔夫茨大学、布兰迪斯大学等名校。哈佛大学是美国最古老的高等教育机构,位于波士顿对岸的剑桥,其中哈佛商学院和哈佛医学院位于波士顿。麻省理工学院最初位于波士顿市内,在 1916 年跨过查尔斯河迁往剑桥。波士顿大学是世界上最大的大学之一,位于查尔斯河畔的联邦大道。惠洛克学院、西蒙斯学院、马萨诸塞药学院和温沃斯理工学院组成了芬威大学群,毗邻东北大学(图 2-1)。

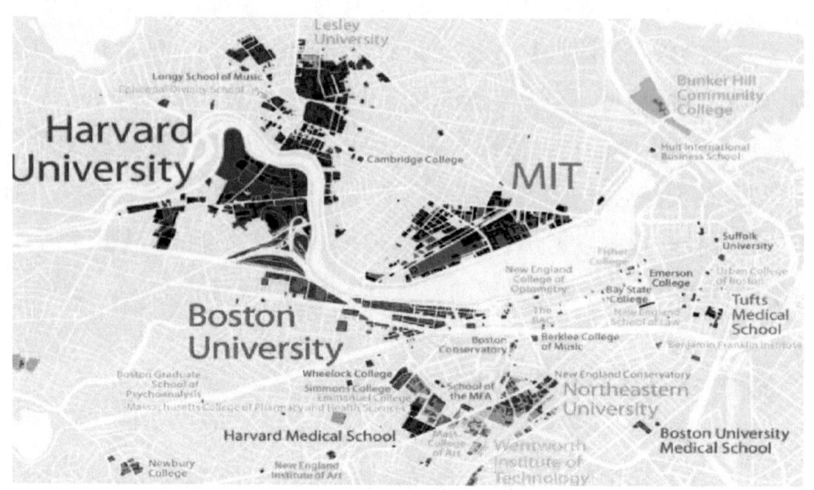

图 2-1 波士顿城市中的大学

(图片来源:https://image.baidu.com)

（一）大学校园与城市的互动

当前有些大学新校区位于城市边缘，其建设常作为带动城市发展的有力手段；远离城市核心区域后，大学如何利用城市资源及发挥自身特色值得探究。作为社会一部分的大学，需要更多地服务并融入城市，校园与城市在不同程度上需要交叉和互融。例如，英国伦敦大学与城市已无明确界线，校园建筑与城市交织在一起塑造沿街立面，只在校园中部以图书馆为主体围合成的院落中，才使人感到置身校园。而近代大学先驱之一的德国哥廷根大学，校园建筑完全分散融入城市中，没有围墙和校门。“校园”概念的消失，城镇与大学各部分共同发展，学生与居民融合。剑桥大学外部空间也是典型的半网络状结构，其校园完全融于城市之中，大学与城市共同成长。各学院沿河流和城镇的主街道布置，校园外部空间与城镇公共空间交织在一起，校园生活与城市交叠。学生宿舍底层可能是商店、咖啡馆和银行等，体现了学术氛围与生活气息的有机融合。

大学科技园与城市结合成为城市的组成部分。大学在向城市开放的同时，以其特有的学术氛围对城市发展产生较大的促进作用。大学和城市间产生了双向互动，且大学成为城市的重要组成部分。校园空间规划中既有部分城市总体规划的内容，又有城市设计、建筑设计及景观规划设计的内容。现代城市设计中的诸多概念、原则和方法手段也多适用于校园规划设计，例如外部空间设计原理、空间序列组织原理等。校园总体布局在具体建设策略上首先要满足现代大学的功能使用要求，保证校园空间环境与教育模式的变化相适应；其次要精心塑造符合城市设计和空间美学要求的校园环境。

（二）城市空间与大学校园空间的融合

空间形态的本质内涵是指“一种复杂的经济、社会现象和社会过程；是在特定的地理环境和一定的社会历史发展阶段中，人类的各种活动与自然界相互作用，人们通过各种方式去认识、感知并反映城市意向的总体”。约瑟·路易斯·塞特曾说过“大学校园是城市设计的实验室”，形象地表达了二者的有机联系。作为人类物质和精神文明的标志，校园与城市之间的联系变得错综复杂。

由于大学校园与城市在空间形态上具有的相似的特征，大学称为“缩微的城市”，校园规划也会借鉴城市规划和城市设计的手法。校园建筑与城市及环境沟通、融合的意识在不断增强，两者的互融空间在现代城市庞大尺度和复杂功能下，以一种新的平衡方式，表达出亲切宜人的魅力。两者的互动空间对城市空间多样化、更新城市形象起着重要作用。

西方的一些大学在规划设计中，校园同城市环境及景观体系整合在一起，体现了共享化、多元化的特征，城市和大学的互动在交通网络上表现为交通叠合，有校内与校外相接轨的设施和空间，大学校园文化与地域文化同生共长。大学对城市的塑造深入城市的内在肌理，从经济、社会等方面施加影响。

美国伊利诺伊理工大学与城市融合在一起，校园规划保持了密斯的规划布局，密斯的克朗楼、图书馆等经典建筑仍在使用。在建的研究中心在建筑风格上延续了密斯简洁流畅的风格，并与其他建筑风格统一融合，由库哈斯设计的学生中心则是大胆的突破，绿线在上部穿过与城市交通形成完美融合（图 2-2、

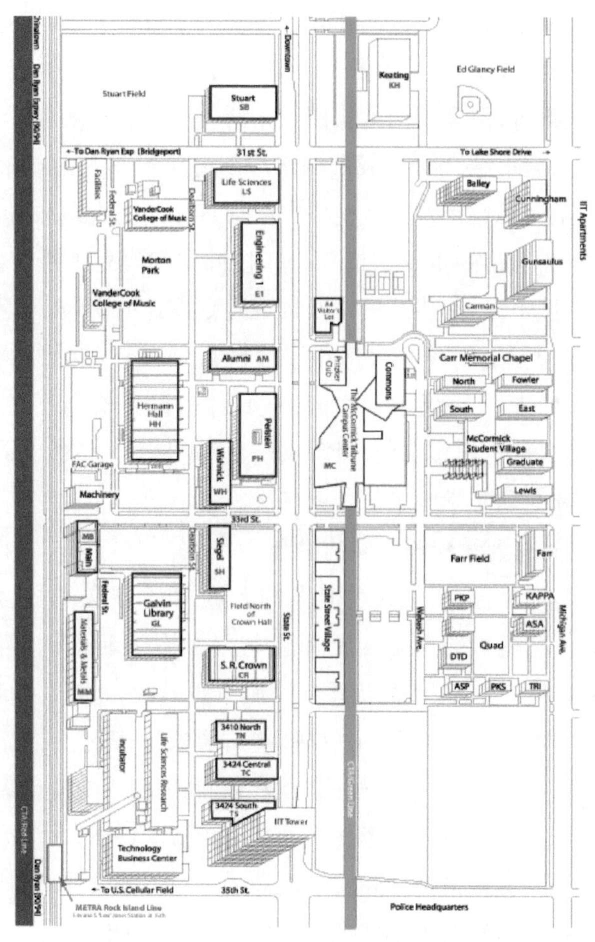

图 2-2　美国伊利诺伊理工大学总平面图

（图片来源：作者拍摄于伊利诺伊理工大学宣传资料）

图 2-3、图 2-4）。大学中部、西侧都有地铁（绿线、红线）通过。而当城市车辆经过大学时，会自觉地控制车速，避让师生。图中红线和绿线之间的区域有停车区域，但限制外部车辆停车。

要获得一个积极的校园文化空间，最好的方法就是对实体和虚体结构进行综合分析，将各空间单元之间的联系进行优化，体现人性化关怀。对校园环境的尊重主要体现在空间关系和视觉形式的表达，即新建建筑的空间关系是否符合校园原有空间结构与空间尺度以及新建建筑与历史环境之间是否有视觉连续性，然而新形式尊重现存的环境并不意味着摈弃其独特的性格，局部建构关系的独特处理以及精美的细部设计都可以展现其特征。

图 2-3　美国伊利诺伊理工大学校园中心

（图片来源：作者拍摄于伊利诺伊理工大学的学生中心展示模型）

图 2-4　美国伊利诺伊理工大学在建的研究中心

（图片来源：作者拍摄于伊利诺伊理工大学展示公告牌）

2.1.2 城市空间多样性与大学文化

由于大学人数众多，面向他们的社会和文化活动都带有独特性，弹性的校园规划要能与城市进行良好的衔接，因此大学校园常需要根据社会和环境条件的要求与变化及时调整。例如比利时大学城新鲁汶镇采用了一种弹性的城市总体规划方法。街道组织、城市景观和建筑物布局均采用了非对称的方法，建筑物沿街布置且充分考虑街道和地形特征；人行道始于市中心的火车站，不仅可以通行到城市的每个角落，同时将整个城市连接成整体，它还连接了很多广场以及周围的公共建筑，如教堂、大厅、商店、游泳池等，城市规划参考了起源于英国的"城市花园"模式，兴建了居住、商业、体育等设施，有效促进了学校与城市资源的整合。

互动空间如同大学与城市两个系统相互结合的黏合剂，将各自可互为利用的资源吸引到一起且促进彼此间的有效利用，如伦敦大学的校园空间与城市空间相互渗透，校园成为城市的组成部分。校园内部的体育场馆、图书馆、文化信息交流中心等设施不断向社会开放，形成社区及校际间的资源共享，同时学生公寓、教师公寓以及食堂等后勤服务社会化，校园的服务功能向城市转移。荷兰代尔夫特理工大学的校园空间由单一化向城市空间的复合化转变，校园空间设计手法也采用了城市范围内应用的城市设计的理念与方法，尤其在解决校园交通环境以及公共空间的处理上，进一步使校园空间环境向城市化转变(图 2-5)。

南佛罗里达州立大学坦帕校区原校园因地面停车场占据了大量空间，后经SASAKI 事务所总体规划，通过有序地开发教学区、住宅区和公共活动区将连接，建立起一种和谐的开发格局，增加了校园密度并形成一系列新的相互关联的

图 2-5 荷兰代尔夫特理工大学鸟瞰图(局部)

(图片来源：荷兰代尔夫特理工大学官网)

四方院、庭院和拱廊；在校园原有的格局上设环形的人行道体系，以鼓励步行和自行车，增加各区之间的联系，提供布局合理的停车场和新公共交通体系。

校园规划在保留了诸多经典历史空间的同时，应将校园文化渗透至校园的每个角落，从老建筑上可看到历史记忆。"历史记忆"的空间延续是基于对原有建筑的理解；环境意义的探求是基于对基地特征的理解；空间布局的标识性和个性是基于对现代与传统空间意向的理解；校园活力与氛围的追寻要基于对校园生活的内在体验。校园老建筑和环境是历史的记忆，见证了大学的成长，这些历史痕迹作为时间线索穿梭于校园，增加了校园的可辨识性。

当代校园规划及建筑设计要从实际出发，充分利用现有的办学资源，优化完善现有的校园布局、校舍功能、交通组织、环境景观等，着力提升校园品质，突出办学特色、历史传承，加强文化氛围营造，关注人性化需求，重视使用者体验，有效构建师生学习生活和交流空间。优化校园边界部分，加强与校园周边的互动，促进校内外功能有机结合，充分发挥大学校园在提升城市品质与完善城市功能方面的引领与辐射作用。提升大学所在区域的文化浓度和文化品质，激活城市老校区的办学及文化功能。在历史悠久的校园里，文化氛围与内涵经历了很长时间的培育。加州大学洛杉矶分校校园中古老的建筑和景观体现了其所蕴含的文化氛围和积淀，它镌刻着各历史时期学校发展的痕迹，是人们可通过视觉体验感知，并产生深刻印象的历史见证物。校园及其中的建筑延续至今，成为城市历史文脉的组成部分。它们在纵向的历史与横向的地域双重意义上，将传统与现代交融，形成了特殊的风格与职能体系。校园建筑、环境、景观、历史风貌等形成浓郁的大学氛围且因校园的发展而得以很好地延续(图2-6)。

图2-6　加州大学洛杉矶分校的大学建筑及校园平面

(图片来源：作者拍摄，右图拍摄于校园展示牌)

2.2 大学规划与空间文化要素表达

大学与城市的局部之于整体的有机关系，决定了校园空间与城市空间的融合发展。校园规划设计思想与一个城市的历史文化、社会环境和教育哲学密切相连，因此好的校园能反映出地区的历史文化特点。大学所处的环境是一个自然、社会、经济、文化的综合体。校园文化不仅要体现校园建筑及空间特征，更应重视本区域的自然气候、地理条件及人们的生活方式，它受当地自然状况、地理区域等自然因素及人文因素的影响，与地域环境契合的整体性以及多元文化并存是大学建设的特征。

以墨西哥国立自治大学为例，墨西哥建筑师对火山岩浆掩埋的荒凉之地作了全新的解读。大学对空间功能的合理规划，立方块和玻璃棱柱体的大面积使用，体现出吸取了墨西哥传统精髓的现代性，其中的校长楼、中心图书馆和大学奥运馆更成为拉丁美洲现代建筑的杰作。与此同时，本土的人文传统被巧妙地融入了校园的装饰设计。世界级壁画大师迭戈·里维拉、斯奎罗斯和奥罗斯科把艺术创作搬进了墨大，印第安艺术风格、炫目的浪漫主义和现实主义相结合的表现手法，使建筑外墙上的巨幅壁画异彩纷呈，具有强烈的视觉冲击力（图 2-7）；而大量的雕塑作品与现代建筑交相呼应，也为墨大增添了浓厚的文化气息。

作为丰富的自然资源和优质的环境素材，景观对提升学习环境和提高学生素养、启迪心智有重要作用。景观也是校园环境构成和延续校园景观文化重要部分。独具特色的生态化景观可让大学校园充满绿色生机与健康活力。《2009大学峰会托里诺宣言》中指明，大学要实现“促进对自然资源的合理利用，及向替代能源和节能技术的积极转变”，强调大学要关注可持续生态系统相关的实践和设计方式。实现经济效益和环境效益的统一以及与自然的和谐共存是未来的必然趋势，也是建设绿色校园的重要环节，目标是实现文化、资源、环境、生态等的可持续发展。大学校园空间的形成是一个文化积累的过程，强调与自然环境的融合，校园环境还包括了社会生活、精神追求和文化艺术等方面的内容，反映校园的行为主体的交往模式和组织模式，以及这些主体所拥有的价值观念和文化信仰。地域文化深入校园人文精神的深层次领域，构成了校园的人文特色。

图 2-7　墨西哥国立自治大学规划与巨幅壁画

（图片来源：https://image.baidu.com）

2.2.1　邻里空间的多样化与文化传承

人性化校园设计应以人为根本出发点，从人的需要出发，实现人与自然和谐共处。所以校园规划要以大学校园的主体为出发点，才能更好地实现邻里空间的多样化与文化的传承。

校园设计要满足多样化需求，提升空间的使用效率，以解决布局松散、尺度失真的校园空间问题。复合化功能布局是指对校园空间采取多中心的分散方式进行布局。每个区域内确定中心功能，然后进行功能补充，保证基本的功能需求，包括教学、生活、运动、娱乐等功能。该布局有利于资源共享、不同学科的交流，有利于促进校园空间的完善和营造舒适、方便的步行环境。校园空间的形态规划还要注重开放空间的连续性，让校园步行流线和校园景观相结合，发挥其生态调节作用并通过景观细节展现校园文化。

校园空间形态不仅要体现传统的地域文化与校园文化，创造鲜明且富有特色的校园空间风格，还应发展校园文化，发扬地域特色。加州理工学院结合地域特色营造校园特色空间，其景观布置特色鲜明多样，不仅突出了景观的特性，还与加州的地域特征紧密结合，体现了加州自由、开放、阳光的文化特征，并考虑了夏季干燥、多阳光的地域条件(图 2-8、图 2-9、图 2-10)。

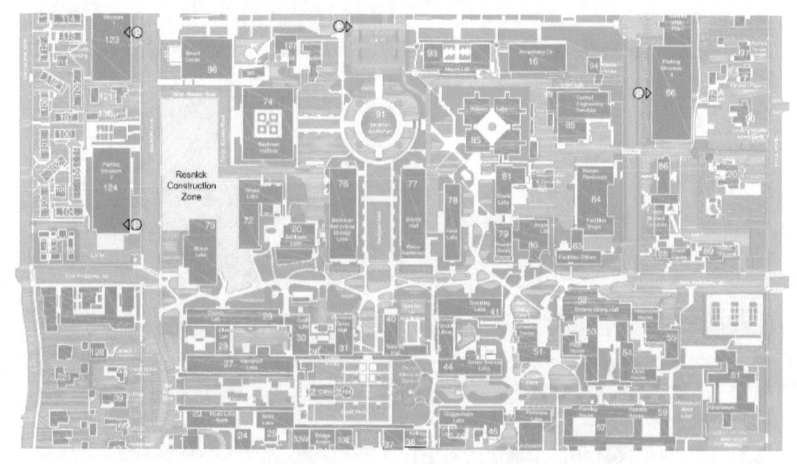

图 2-8　加州理工学院建筑与景观分布(局部)

(图片来源：加州理工学院官网)

自建校以来，大学逐渐形成的良好校风和特色文化是其成为世界一流大学的根本保证。加州理工学院成立于 1891 年，大学地理位置优越，距洛杉矶市区较近且交通便利。贝克曼礼堂是它的公共活动中心，服务于校园和社区，整个学年都有各种表演艺术、讲座、电影、课程和娱乐活动。学校纵横各两个街区犹如花园，与斯坦福的宏伟不同，这里有南加州四季的阳光、样本生物、乌龟池等，都体现了其独特的校园氛围。

校园文化涵盖的内容包括建筑与自然的融合，建筑空间特性的塑造，建筑给予人的感受和关怀等。作为大学校园中的景观及师生放松休闲的场所，游憩空间的文化功能不可忽视。游憩主题是游憩空间发展的灵魂，也是其文化特性的主要载体，通常大学校园中的游憩空间以表现历史事件、名人经历或者人生哲理

图2-9　加州理工学院步行景观及建筑

(图片来源:作者拍摄)

图2-10　加州理工学院贝克曼礼堂(Beckman Auditorium)

(图片来源:作者拍摄)

的主题居多,例如校园中的校门、雕塑、小品等,都可作为媒介丰富校园的文化性和强化主题的表现性。空间本身虽不能直接创造某种行为和事件,但可作为诱因引发人们的交往行为。空间如能发挥异质性、舒适性、文化和习俗的认同性等方面的优势,则可增强空间的"魅力"。

芝加哥大学在保留自身建筑特色的情况下,增加植物绿化的覆盖率,结合花木的种植构建学习型空间景观,对其周围景观环境进行保护;保留能体现校园文化风貌的公共艺术作品、景观小品等,让校园老建筑令人回忆,让新建筑融入校园(图 2-11),展现了邻里空间的多样性和文化传承。

图 2-11　芝加哥大学校园与建筑

(图片来源:作者拍摄)

哈佛大学设计注重建筑物与周围建筑的对景、呼应等相对关系及与环境的对话关系,弥合和丰富校园街景立面。漫步在校园中,不会感到历史与现代的割裂及新建筑的突兀,而是均衡有序的平面肌理,新与旧的对话与交流。校园环境尺度宜人,承载着连续且不断发展的校园文化(图 2-12)。从哈佛大学校园特色的保护中,我们发现在校园变迁与发展中,大学的成长与历史的轨迹。正如学者爱达·路易斯·哈克斯德柏(Ada Louis Huxtable)写道:"建筑艺术和自然环境改革后所呈现的形态,被不断地巡视、颠覆、回味。……从过去做转换,并将过去和现在巧妙地结合,产生更深远的影响和效果。"

2.2.2　建筑风格与校园文化特征表达

多伯(Richard P. Dober)在其著作《校园设计》(*Campus Design*)中指出,意图、尺寸、位置、风格和成本是建筑上的主要问题,这五个因素相互交织,风格是最不能明确界定的,它包括身份、体验、情感、象征、哲学及对有感知的、科学的、

图 2-12　哈佛大学科学中心

（图片来源：作者拍摄）

美学的事物全范围的理解。他特别强调了风格是一个强有力的场所营造要素，带有视觉活力和象征的重要性，此概念本身更进一步地成为大学校园设计实施的初始。

当代大学校园设计折射出传统基因与现代元素的重新组合，是传统文化脉络与现代设计观念、方法的结合，是多样设计语言的表达。它要求建筑师以时代精神为立足点，不断地兼容并蓄、推陈出新，在设计中反映时代性、民族性与地方性，同时多元文化也带来了大学校园建筑设计观念和形式的多样性。因此，建筑设计是包括了人的生理、心理、物质、精神等许多方面的综合性设计，它不仅要符合设计功能的特定要求，还要体现艺术等其他功能的构成规律。大学的设计要从人的精神需求和历史、社会文化的角度来丰富和深化内涵。各种建筑风格的流行都在校园建筑中留下深刻的印记，有些甚至演变、发展成校园的标志。当建筑步入多元化发展阶段时，新的建筑风格和流派不断地更迭，建筑的多元化格局在给设计师带来建筑创作和理论自由的同时，也让他们的抉择面临挑战。建筑造型反映建筑自身存在的某些规律，综合反映建筑的空间处理、环境布局，构成完美的建筑形象。大学校园通过现存的文化子系统间相互扩散、渗透，经过社会生活的过滤，各自又融入了新的文化形态，生成了多元化的建筑设计风格。

建筑设计风格的多样性和复杂性丰富了校园的物质生活与精神生活，同时不同地域与历史时期风格的对立与统一，推动着校园设计的发展进程。麻省理工学院(MIT)创建于美国建国以后的1861年,为适应世界工业革命和美国工业化需求而成立。美国工业化过程引发的大量产业技术需求导致它成立之初就具有鲜明的技术特色。校园除了少数几座现代建筑外,主体建筑是水泥颜色(图2-13),校园标志性建筑麦克劳林大楼和格林大楼(地理空间物理与气象大楼研究单位所在地)都是灰色建筑。由斯蒂文·霍尔设计的麻省理工学生宿舍西蒙斯楼(Simmons Hall)及由弗兰克·盖里设计的雷与玛利亚史塔科技中心(The Ray and Maria Stata Center),都体现了现代科技的设计理念(图2-14)。校园内

图2-13 MIT标志性建筑

(图片来源:作者拍摄)

图2-14 MIT雷与玛利亚史塔科技中心

(图片来源:作者拍摄)

各大草坪上分布有大量形态色调各异的抽象雕塑，其中位于主楼与学生活动中心之间由数字组成的人体雕塑富有创意，尤其在夜间照明下满身由数字组成的“虚拟人”呈现出独特的景象(图 2-15)。

图 2-15 MIT 的“虚拟人”雕塑

(图片来源：作者拍摄)

通过对各种风格进行系统研究，可探寻大学设计的文化历史脉络和内在规律并准确进行设计定位，在当今信息时代设计多元化格局发展中，正确对待其国际化与民族化、技术化与艺术化的趋势，推动校园面貌革新十分必要。建筑要有相对的时间空间观，即一切对建筑的研究都应从时空的运动过程中去思考，从它们的相互关系以及存在的意义去思考。对大学的发展进程可进行纵横向分析，设计者要适应当今世界新经济、新模式对大学校园设计的新要求，不断探索且追求创新，寻找适合自己的建筑设计模式，从而适应迅速发展的校园建设需要。

伊利诺伊大学芝加哥分校(UIC)的建筑与城市连在一起，校园由位于芝加哥市的三个园区组成，规划将公共建筑融入城市公共空间网络，有效地激发了城市和地区活力。校园建筑作为城市中的一个元素，在体现自身个性的同时，满足使用者的各方面需求，并自然地体现出建筑的特殊性。建筑有机地与周围环境和内部功能相联系，既有个性又与环境相统一，部分庭院相互连通，使建筑内部空间与城市空间相互渗透，给大街上的行人提供了很好的视觉构图(图 2-16)。

图 2-16 UIC 校园空间与城市的融合

（图片来源：伊利诺伊大学芝加哥分校官网）

2.3 景观环境要素与文化价值观体现

人文环境是校园物质环境的精神依托，是建立在物质环境上的校园历史、文化的精神空间。人文、物质环境共同构建大学校园环境特色，结合地域特征衍生出来的元素回应当代又体现本土特色。大学校园环境也是人与自然和谐的体现，设计则要创造能让师生留下记忆的场所，营造场所的文化特征。

2.3.1 校园文化和景观环境要素的整合

从特定的地域环境条件出发，深化对校园建筑环境的深层规律的理解，提炼出历史文化的精髓，才能形成人、建筑、环境三者的统一。地域概念由地理、气候等物质因素及传统、习俗、语言、民族、宗教等相关综合因素决定。在校园更新中应充分考虑地域因素，使建筑更紧密地植根于地域环境，形成校园文化的延续；强调地域性则应在技术层面上强调历史、文化以及对环境的认同。例如我国台湾地区东海大学的校园建筑都是中式特色，其中的文学院、工学院和理学院都是覆盖灰瓦的古典式建筑，传统的院落式布局有着清幽淡雅的书院式气息。贝聿铭设计的东海大学教堂，变形和组合我国古典建筑中特色的坡屋顶利用，成功地展现了现代建筑特征和场所的文化特质，标志性校园建筑继承了大学的历史文脉 。

(一) 景观空间的归属感

优秀的景观设计常通过保护基地文脉、揭示生活经验、强化场地特征等方法,建构让人们具有归属感的场所。校园环境空间的规划设计须注重“视觉景观的协调”,让生活在校园环境空间中的使用者可以感受校园建筑、植栽、路径、设施等空间元素。组成的空间景观是协调的、舒适的,有助于良好的第一印象的形成,得到“视觉心理”层面的满足。场所是景观设计表达的一种本源,景观设计以场所的方式来解释其自身,场所是空间这个“形式”背后的“内容”。

城市要素与自然绿地和谐并存是许多校园的独特景观。1981年克莱尔·库珀·马库斯(Glare Cooper Marcus)等对伯克利校园的调查表明,大多数学生选择“更多开放空间和绿地”,远多于“步行街和广场”。受人欢迎的空间常是绿地或“自然的”环境,例如自然、树木和绿色、安宁和平静、阴凉和阳光、观察他人、接近水面(小溪)、草地和开放空间、感觉自由和舒适;利用这些空间可缓解工作的紧张、压力以及放松休息;这些受人喜爱的空间的共同特征是构成空间边界的自然元素(树木、灌木、草坪、小溪),部分或全部遮挡了周围的建筑和道路,可在此沐浴阳光、小睡,并临时举办活动(音乐会、舞会),还可安静地学习、谈话、沉思等。

景观设计的形式背后蕴含着某种深刻的内涵,每个场景都有一个故事,而内涵与场地的历史、传统、文化、民族等一系列主题密切相关,这些主题赋予了环境景观以丰富的意义。西班牙设计大师恩里克·米拉莱斯对比戈大学所作的校园规划把对现代医学理念的理解应用于校园,以期形成良性运行的、具有生命、会呼吸、会生长的动态景观体系,促进人、建筑、自然之间的物质能量的循环。每部分功能都能很好地相互配合,包括新的环形路、停车场、全面污水处理系统等。

(二) 校园规划与校园文化主题

诺伯格-舒尔茨(Norberg-Schulz)的观点为,“场所精神”就是广义的环境特征,包括空间实体特征与人文特征。他认为有意义的环境是人可认同的客体,从而产生情感意义上的联系。“大学校园”所指的是一种独特而丰富的场所环境,它总试图反映高等教育的学术概念及多年积累的人文精神。因此,场所精神的形成就是利用建筑或者景观要素赋予场所的特质,即使其与人产生亲密的关系,充分体现人与建筑、自然之间对话的愿望。

历史在时间维度里前行,校园在空间维度中拓展。传统校园改造要使原有景观延续升华并体现校园环境的整体景观效果,同时因大学校园景观不同于其他区域的景观，它应该具有更深层次的美学、文化内涵。文化的体现要促进人们的交往与研讨，有利于学生身心的培养和素质的健康成长。当今场所精神被人们理解为一种动态发展的过程，将场所放在社会网络中考察，校园的时间美和空间美的统一包括以下含义，即适应当代建筑理念的变化、表现时代特质且构建适应当代生活的建筑空间；采取现代化的科技手段和建造方式，创造舒适、实用、可持续的空间环境；强调创新自由度的同时，保证各方面的合理性。

当前建筑科学的发展是多方面的，当我们评价一个建筑的优劣时，信息革命、技术革命所带来的建筑材料的变化、建筑结构技术的变化、设备技术的更新等都是重要的内容，可以通过运用砖石及混凝土材料技术、玻璃材料技术、金属材料技术、木材技术等来表达建筑空间的特点。由芝加哥 VOA Associates 事务所设计的罗斯福大学的一座综合楼，高 32 层，位于 1947 年设计的礼堂的北部。这座大厦大胆地运用了 Z 字形立面。2012 年初投入使用，成功连接了已有的建筑，也是芝加哥的南环线上的地标。因为校区空间有限，所以开拓纵向空间成为解决方案，大楼表面平滑且形体舒展，起伏的玻璃幕墙为建筑增添了独具一格的美感；低层是办公教学区，高层为学生住宿区，容纳了学院办公室以及学生宿舍、健身中心、餐厅等。它坐落在芝加哥市中心的密歇根大街，通过对场所周边环境的解读以及城市与校园空间的重构，已成为适宜学习和生活、交通便捷的大学建筑（图 2-17、图 2-18）。

图 2-17　从罗斯福大学俯瞰芝加哥密歇根湖

（图片来源：作者拍摄）

图2-18 玻璃大厦—罗斯福大学

(图片来源:作者拍摄)

2.3.2 大学校园规划文化价值的体现

文化的价值取决于文化传播的广度和深度。具有"文化特征"空间规划中的活动可以激发公共领域中的活力,鼓励人们参与、使用和逗留于校园空间,促进人们对场所的认同。通过高校公共空间中的生活直接参与或被动式感受其中的活动,获得体验和信息,通过渗透、分离、张力、和解等方式转化为建筑语言,让人产生无限联想。人们常将场所感与某一地点的特定事件联系在一起,利用这一特性将其纳入特定的场所营造实践中,为人们留下难忘的记忆。图中清华大学校园的校门、大讲堂、小品等一草一木都能让人回忆起以前的校园生活,它们都是大学校园规划要关注的部分(图2-19、图2-20、图2-21)。校园的交往发生在

图2-19 清华二校门

(图片来源:作者拍摄)

熟人和陌生人之间，仅有合乎尺度的交往空间对于素不相识的师生还不够，富有吸引力的活动和事物可使进一步交往成为可能。

图 2-20　清华大学大讲堂

（图片来源：清华大学官网）

图 2-21　清华大学校园小品

（图片来源：作者拍摄）

伯纳德·屈米（Bernard Tschumi）认为“事件—空间”是一种异质性的建筑空间，“事件”就是重新思考、重新规定建筑元素的场所，是各种差异组合的场所，他指出城市和建筑的重要性不仅在于其物理形式和空间形态，还包括发生在其中的事件，并且空间与事件的关联是复杂的，在同一空间中可以并存完全不同的事件模式。建筑美的空间性不仅表现在它是真实存在着的空间实体，而且表现在它给人视觉、听觉、触觉上的多种感受。空间和时间是无限与有限的统一，空间是物质的广延，时间是物质运动过程的持续和顺序。对于我们的生存环境而言，一切物体不仅在空间中存在，而且也在时间中存在；同一场所在不同时期给人的感受不一，不同时期建筑风格都与时间的持续性有关。校园绿地景观的文化性表现为环境塑造中所体现的内涵以及传递的信息和蕴含的意义。这种意义通过绿地景观要素表现出来，成功的校园绿地景观必然追求与学校教育特色相得益彰的表现形式，寻觅隐匿于学校的文化精华。校园绿地景观向生活于其中的人传递着众多信息，人们正是在这种环境中形成了校园的生活方式和文化交流模式，又以此营造校园的文化氛围，这也是校园文化价值之所在。

随着城市发展与社会进步，校园环境日益受到重视。随着对国际设计风格、理论的广泛引入和研究以及自身建设经验的不断积累，建筑设计理论的丰富和完善，人本理论的建构，多种新兴学科和设计理论（如景观建筑学、环境行为学、城市社会学等）的发展，进一步系统全面地对大学校园绿地景观进行研究成为可能。可持续的校园须充分考虑建筑所处的自然环境状况、地域特征、时代特点、场所精神，完善建筑、规划对校园文化背景的良好阐释功能，对文化发展有良性导向作用。在校园设计中关注内在本质与外在形式的一致性，可以更为全面、科学地理解人与空间环境以及文化的关系。

2.4 现代技术和地域文化特色的展示

大学校园场所特质的决定因素包括场所标识性、地域性、气候、材料和建造方法和建筑风格等，只有充分考虑这些因素，才能塑造高品质校园。维克多·欧尔焦伊（Victor Olgyay）认为，适应气候条件而产生的建筑形态是建筑地域性形成的根源，重视建筑与地方气候之间的关系是建筑地域性传承的重要因素。他还提出将传统建筑的气候适应性方法与新的技术相结合重塑建筑地域性。18世纪初杰弗逊设计的弗吉尼亚大学开始建造柱廊，从此校园继续采用有顶的步道来阻挡雨、雪和强光；印度尼西亚大学的校舍利用宽大的出檐，避免日晒。

校园建筑的地域性创作则要合理利用原生态因素，最大限度地保留原生态环境，因地制宜规划功能，适应当地自然特征和文化特征，形成建筑、景观、自然有机融合的多样化校园空间环境。校园建筑创作要考虑特定的经济、地理气候、文化特征等制约条件，结合地域文化为设计者提供灵感。例如加州大学伯克利分校采用廊柱式的处理方式，建筑外被风雨打断的枯树枝是天然坐凳（图 2-22）；加州理工学院有地域特色的廊交往空间不仅能遮风挡雨，也是学生交流的好场所（图 2-23）。所以研究地域建筑空间特性，传承当地建筑文化精髓，并运用现代设计理念、技术手段演绎它，是对待地域建筑的正确视角和方法。

图 2-22　加州大学伯克利分校

（图片来源：作者拍摄）

图 2-23　加州理工学院廊交往空间

（图片来源：作者拍摄）

2.4.1 建造方法与场所特征的融合

现代科技的发展和现代主义风格的流行提升了全世界的建造技术水平，而不同材料的使用让建筑物拥有独特的性格。材料作为构成建筑本体的基本物质，是建筑形式表达的载体和体验者最直接的感知对象。每种材料都有其独特的物理特征、表面观感且包含着当地气候、文化的特征，不同材料的质感、色彩、硬度等性质给体验者不同的感受。印度建筑师查尔斯·柯里亚和马来西亚建筑师杨经文的作品都明显呈现出生物气候、地方主义特点。从生物气候学角度出发，结合地域气候条件进行设计是他们用来表达地方主义文化特征的重要手段，而实现建筑地方传统的延续是他们将传统与现代相融合的主要途径。印度和马来西亚的天气炎热，苛刻的气候条件对建筑师是挑战，也是机遇。“开敞空间”是柯里亚提出的适应印度干热气候环境的范式，他认为“开敞空间”所形成的有阴影的户外或半户外空间非常适合干热地区公共建筑。“开敞空间”来自印度清真寺大面积开敞空间的启示，带有浓郁的传统文化内涵。柯里亚在设计中不是依赖耗能设备来解决通风降温，而是采取合适的建筑形式、空间布局和构造方式来调节建筑环境气候。

王澍在中央美院的设计中探索了生土材料的应用，他采用建筑的方式来演绎中国传统的山水绘画。传统的材料作为校园建筑物外墙材料成为一种文化符号，建筑都用其作为主要墙面材料。统一的材质给校园罩上了一层朴实而稳重的色彩。波浪形的黑瓦屋顶，黄色的土墙宛如水乡的长廊，而它利落的线条和回转的空间充满了现代美感(图2-24)。

2.4.2 现代技术审美与场所共生

科学技术的发展是校园规划与建筑创作的重要源泉。随着社会的进步，新材料、新技术和新结构为设计师拓展了前所未有的展示空间，体现了技术进步对建筑设计的影响；校园设计从功能、形式、环境到服务对象等各方面都变得复杂，新技术的发展使校园形态发生了改变；当代优秀的建筑师正是基于对技术深刻、全面的理解，秉承了正确的技术价值观，才使其作品在多视角、多层面的评判下仍是杰作。

(一) 技术审美的文化表达

在伦佐·皮亚诺(Renzo Piano)看来，“建筑是一门艺术，它应用技术去产生

图 2-24　中央美院教学用房的墙面地域性材料应用

(图片来源:作者拍摄)

一种情感,并有着自己独特的语言”。从许多要素中选择那些特别的事件构建设计的切入点并给予相关的解释,这是“回应”历史的重要方式。在美国伊利诺伊理工大学学生中心的扩建工程中,雷姆·库哈斯(Rem Koolhaas)通过造型的独特设计、材料的尺寸、质地及颜色的变化来让人们感受到温暖而又富有生机的艺术效果。适宜的材料选择及处理方式,不但可以拉近人们与自然的距离,也有助于建筑与地方的历史文化及环境的协调,这与技术研究与创新是分不开的。库哈斯对于坚持不懈地试验和探索一种材料具有极其强烈的兴趣,主要反映在其对于不同的建筑材料的比例、尺度、功能及纹理的处理中。随着组合方式和颜色的变换,建筑可以适应于不同的场所和环境(图 2-25)。

图 2-25　美国伊利诺伊理工大学学生活动中心

(图片来源:作者拍摄)

2004年库哈斯设计完成了学生活动中心，为校园注入新世纪革命性的建筑观。他大胆地将高架捷运线以圆管状的金属结构包被融入活动中心的建筑形体，借以消减噪声与震动对室内造成的干扰，并隐喻校园与城市的密切关系。建筑内连续的缓坡相互交错穿越，室内与户外、人造与自然、影像与空间、材料与结构交互重迭，关系模糊而充满趣味，以开放空间容纳更多活动，将建筑设计成兼具商业、娱乐、学术、设施、公园的综合体。

（二）大学校园技术与自然的共生

以理查德·罗杰斯为代表的大师更关注“人、技术、自然”三者间的和谐关系，即追求技术与自然共生的技术审美精神，其中最鲜明的表现在理查德·罗杰斯对建筑内部空气的处理上。他不会因追求所谓特殊的建筑形象而阻碍空气的自然流动，而是根据空气在建筑中的游走路径来确定建筑的形态，让建筑遵循自然的变化规律。同时，他也倡导以生态美学的思想来看待建筑和技术，提出技术在为人们提供舒适体验的同时，也要尊重自然、爱护自然，让建筑生成优美的外部形态。

密斯(Ludwig Mies Van der Rohe)认为人的需求是会变化的，只要有整体的大空间，人们可以在其内部随意改造，那需求就能得到满足。他设计的伊利诺伊理工大学的克朗楼，现在仍是建筑学院主要的教学场所。在120 m×220 m的长方形基地上，克朗楼(Crown Hall)的上层是可供400人同时使用的大空间，包括绘图室、图书室、展览室和办公室等。师生乐于在其通透的大玻璃墙内学习和工作，体现了流动空间和通用空间思想的适用性(图2-26)。

图2-26 美国伊利诺伊理工大学克朗楼

(图片来源:作者拍摄)

当今技术不再把自然作为征服对象，设计师试图用技术使我们和自然界走向一种亲和的关系。注重建筑的地域文化特色要强调建筑的场所特性，伦佐·皮亚诺认为技术具备体现建筑场所精神的性质，建构这种关系需要建筑师具有较高的技术水平及专业素质。他通过对技术的全面理解和纯熟运用来创造当代具有地域特色的建筑，并针对特定的地域环境，为当地的建筑文化注入新内容。

2.5 大学校园历史文脉保护与传承

一所大学历史越悠久，其传统越是凝结于物化的校园之中，保存完好的古老的建筑、充满历史感的地段代表着大学悠久的历史与深厚的文化积淀，老校区的校园空间环境作为历史遗存展现着历史风貌，蕴含着丰富的文化信息。

2.5.1 新老校园设计的衔接

校园空间环境意境的形成正是通过环境中的某些具有主题思想的"节点"体现出来的，其所表现出来的文化内涵体现了空间环境的内涵，其显出的形象特征以及由此形成的特定的场所氛围，成为师生共同记忆、欣赏的场所。这些各具特色的空间场所能影响人们的行为活动，触发人们对校园历史和文化的认同感。

大学持久的生命力需要精神的支持，即校园及其建筑组群所凝聚的文化精神不可或缺。优秀的校园空间常有悠久的历史，对历史文脉的遵循回应，使教学组群的空间环境形成浓郁的文化氛围。校园建筑组群空间的规划和设计则要尊重所在地的历史和地区特色，尊重学校历史和发展历程，使新老校园空间相协调。如欧美大学的许多新建筑设计时，也力求融于经典的院落式的规划格局中，拱廊、方院、圆形中庭等被人们重新认识且被广泛认同。历史场所的保护是研究空间的发展过程，探求发展过程中的特质，进而寻求深层的解释。已有的空间形式对于未来空间形式的发展，存在着某种制约及呈现出某种必然性。

（一）大学校园新老校园场所精神的创造与延续

校园建设之初有着统一的建筑风格和严谨的空间结构。在后续建设中，空间结构会发生诸多改变，不同时期的建筑使校园呈现出不同的风格。若新建校园空间和建筑缺乏对历史文化的继承及与原有空间和建筑的关联，会使校园空间环境整体不协调，因此大学校园要保持校园内新老建筑、空间的协调统一，形成和谐有序的校园空间环境，才能促进校园活动更好地开展。当代大学校园是一个饱含文化性和教育性的校园空间环境。它在使用上满足各种教学功能的要求且能传译一定的思想和意境，体现校园传统文脉的延伸，塑造优雅、宁静的校园氛围。大学校园空间结构的完整性和有序性对可识别性起着决定性作用。人在校园中通过动态感知可形成对校园空间的整体印象，因此空间系统存在的意义主要在于它的各部分组合后形成的整体效应。完整而有序的空间结构有利于人们从整体上把握空间环境，使用者在认知过程中对空间结构各方面要求，包括道路骨架清晰、路网连续、中心突出、建筑标识性强、各区域联系紧密等。具体分析包括加强空间的连续性，主干道的连贯性和建立统一丰富的道路景观以及道路空间界面的连续性。所以要结合校园空间优化设计模式，对空间要素的关联性、连续性、简洁性以及使用特点和意义进行研究，建构丰富明晰的校园空间体系，延续场所精神。

（二）大学校园风貌保护与大学精神传承

场所性是以人为主题的空间的基本属性和特征，大学精神穿越百年时光，融合在校园建筑、景观与风貌之中。对于具有历史传统的“老校”，如何对历史建筑及建筑群乃至整体校园风貌进行保护性更新，以及新旧关系协调，是高校在传统校区更新方面的重中之重。历史性建筑及空间的保护机制从静态保存、修复、保护，向动态再生、再循环、再利用的方向拓展，呈现出柔性化的趋势；再者，保护对象从大历史事件、重要人物的纪念性建筑扩展到多个时期、多种类型、多种价值、多种特性的一般性建筑。对校园历史建筑的保护，在确保其原有的空间核心地位外，还要扩大其在建筑功能、环境景观、校园历史风貌三个层面的作用，传承大学精神，将保护与发展巧妙结合。

具有历史价值的传统校园有着深厚的文化底蕴，它们作为传播知识与教化精神的场所，其蕴含的历史文脉资源是可持续发展的根基之所在。哈佛大学的商学院及大多数的体育设施均处于波士顿的西边。她的心脏地带是贝克图书馆和馆前的大广场。其典雅的廊柱、华丽细致的拱顶钟塔以及细腻雕琢的山形墙饰，统领了整个商学院的风格，也代表了整个哈佛在查尔斯河对岸的这片校园。20世纪初的商学院寻求一份协调与融合，贝克图书馆的规模、几何比例的设计、高耸的廊柱及馆前宽广的草坪，展现了哈佛宏伟的气势，体现了哈佛大学以人文精神培育为主的办学特点及浓厚的古典色彩。

校园空间特色是城市文化发展和内涵的重要体现，融合了自然环境、历史和现代文化、社会经济、空间景观等多种要素。积极培育和塑造校园空间特色也是完善其功能、提升师生员工的生活品质、延续校园文脉与提高校园综合竞争力的重要途径。所以要充分认识校园空间特色塑造的重要意义，关注文化传承以及校园空间特色的研究，推动特色空间的保护与规划建设。

（三）城市快速发展给老校园带来的新问题

校园周边用地作为城市中宝贵的土地资源，良好的地段成为众多商家争相开发的热土，不断修建的校外建筑在相当程度上破坏了一些老校园的环境与风格，使人们置身于校园之中却难以领略校园昔日的风采。对于高校老校园历史风貌区的保护可借鉴城市中对传统街区的保护，即要从街区所处的整体历史环境中加以规划保护，尤其对周围环境科学合理的保护与规划，包括街道、河网的基本布局以及街景原有特色的适度体现等，对新建工程实施高度控制、建筑风格以及色彩协调等。例如加州大学洛杉矶分校的保护在很大程度上在传统与现代之间寻找到一种过渡，校园建筑延续了城市周边的肌理，使得校园自然地融入到城市中，因此对校园周边环境的合理保护和规划，尤其是老校园的校园空间环境的保护有着重要意义（图 2-27）。

2.5.2 校园历史场所的保护与活力提升

校园历史场所承载着历史性和时代性，具有城市现代文明和历史文化的双重价值，校园的核心价值观对文化内涵的提升具有重要作用。因校园历史场所的保护与发展并存，因而从整体上科学把握两者的平衡关系更显重要。尊重和发扬校园历史传统，充分挖掘大学校园深厚文化性的本质特征，通过再生模式制定校园设计战略和相关法规、政策，可在整体上对历史资源进行保护。事实上我国一些老校区存在街道狭窄、绿地少且建筑物密集等问题，其形象特征与功能品质都影响整体环境质量，校园历史区域的复兴要予以足够的重视。

（一）大学校园的功能置换与场所活力的提升

我国一些建立于半个世纪以前的老校园，它们历史悠久，富有特色，在发展中不能轻易抛弃旧址另建新区，应该在调整、更新、扩容的基础上焕发其活力。例如清华大学采用保存原校中心，在原有用地范围内进行了积极的探索。在保留老校区空间结构的基础上，发展了东侧的新校区中心，在整体环境的衔接上取

图 2-27　加州大学洛杉矶分校新旧建筑的延续

（图片来源：作者拍摄）

得了较好的效果。所以，大学应结合自身独特的历史及特征进行功能置换，要以充分了解、理解、尊重历史并发掘特性为基础。

校园建设是长期的生长过程，具有动态变化的特征。恰当的规划理念一旦确定，就应在未来发展建设过程中起到宏观控制作用，包括规划布局、建筑设计与景观设计各方面，才能达到校园环境氛围和风格的连续性，进而形成独特的文化氛围，并将设计理念转化为可操作的设计手法。英国伯明翰大学以红砖砌筑建筑群为中心不断地生长，对历史文脉传承是大学校园规划和建筑设计的重要特征。大学校园规划布局以钟塔和弧形建筑群为中心，百年来的校园发展建设始终保留了历史形成的路网结构、基本的区域划分以及地形地势。可见大学校园历史地段的场所营造,需要从传统城市空间中汲取经验。在残存或拆除的地段,以新的城市形态维系、弥合或发展传统的公共空间,并赋予城市新含义。

校园历史地段的危机在很大程度上表现为其功能与当代需求的矛盾,这种矛盾来自物质结构本身或是地段内的经济活动。大学校园历史地段蕴含着独特的文化记忆,即便是衰落的、破败的历史地段也具有多层次的价值,它们所展示的人的尺度、个性化、相互关怀和多样性等品质都是快速变化的现代城市所欠缺的,是营造一个充满活力的城市场所的稀有资源。由于历史建筑是一种稀有资源,所以历史场所的保护着眼于城市历史地段的整体复兴。不仅应将历史地段看作是历史遗存的文化资源而加以保护,更应将它们视作可持续发展的场所,推动其振兴,使之转型为可吸引更多商业、休闲的场所。再生模式可通过不同形式促使历史地段更新以适应新的需求,如维修、功能置换或者拆除及再开发等。在经济活动方面,可采用以新的功能替换老的功能等方式进行更新,或保留现有功能但使它的运作更为有效。复兴的历史地段大都体现了场所的营造要点:公共领域、混合使用、良好的步行环境。如广州大学城民俗博物村对原有的滨水古村进行保护性改造,在传统的居住商业基础上引入民俗展示、商业文化、休闲旅游、娱乐消费等现代功能,实现岭南传统聚落新旧功能的合理置换,使昔日村庄演变成为大学城的综合服务区。

为延长历史建筑和历史街区的有效生命,有必要通过功能调整,使历史地段保持其文化品质,更好地适应现代生活的需要。通常是保留历史建筑的外部形式,将内部空间的功能转化为商业、文化或休闲功用,也有转变为居住使用。最成功的转型仍然是混合使用的公共领域,即将历史地段改造为一个师生公共生活的聚集区;部分功能被转换成旅游、商业和高质量的居住用途,同时这一转换使得历史地段依旧保持活力。美国乔治·华盛顿大学在发展过程中,新建的校园空间在体现形式上与老校园融合,保持场所活力,还在人文关怀的每个细节上展现了大学的特色(图 2-28)。

(二) 从文化的视角解读大学校园空间发展

文化要素的诠释是做好大学校园设计的根本所在,只有对场所的文化内涵、人文精神等条件深刻认知且全面把握,才能更好地演绎场所精神,使校园积极地融入到人文历史环境中。大学以其特有的文化先锋使命,无形中承担了更多的

图 2-28　美国乔治·华盛顿大学的人性化空间表达

（图片来源：作者拍摄）

社会审美责任。良好地解决场所之间各种特殊矛盾，对积极营造良好的人文氛围、整体的人居环境和城市设计都有着积极作用。

大学本体文化、时代文化等构成了大学内在的文化特质。校园规划设计与研究扩展到社会文化、教育理论、大学文化形态等多学科的互动发展中，呈现多元化、综合化的特点，推动校园营造人文氛围，引导大学实现社会职能与精神职能，是大学校园发展的深层驱动与价值基础。在这种背景下，设计者应从文化的视角展开更为深入的校园研究，以揭示驱动大学空间发展的深层结构，把握校园建设的宏观方向。同时研究校园空间文化的深层内涵，有助于拓宽研究视野，把握校园空间的发展机制，从而建构基于校园空间文化特性的设计理念与方法，在更具深度与广度层面上指导校园建设实践。

我国台湾地区台大校园宽广的椰林大道已成为校园的象征，其两侧的龙柏与杜鹃花植栽令校园空间走下神坛，同时添加了校园一直伴随着的浪漫想象力。与此同时，它被市民当作是一种补偿性的另类公园以及一种有书卷气的公共空间，展现了都市开放空间的包容性。

大学本体文化源于高等教育机构的社会职能与精神属性，决定了校园的文化特性，是校园空间发展的核心动力。特色文化传承是人文环境形成的基础，有利于促进空间场所精神的塑造与人格教育的发展。芝加哥大学在发展中保留了原有文化，在传承中发展，体现了历史积淀（图 2-29）。在充分尊重原有建筑历史价值的前提下，根据对场所的不同理解，寻求属于历史建筑自身最为合理、有效的处理方式来表达独特理念，使其具有深厚的历史文化内涵。

校园文化是高品质大学的重要特征，大学校园追求深层意义上的生机和活力，要将校园规划的建造性要素与学校的文化系统综合考虑。设计要加强建造要素与文化系统的联系并强化多向度配合；或更改联系网络的布局，置入新的关

图 2-29　芝加哥大学的校园现代建筑及平面图

（图片来源：作者拍摄，平面图拍摄于校园展示牌）

联点，更全面地探寻校园规划涉及的文化要素，建立分层次的框架。大学校园的人文因素体现出的“大学精神”各不相同，充满历史感的校园易培养学生沉稳自信的精英气质。在开放的校园中师生交流、社会活动更易开展，而清幽独立的校园环境则更易于造就严谨扎实的治学传统。大学的发展应注重校园传统意境的延伸，发挥其潜在的教化作用，培养师生的修养与品质以及体现时代特征才能为人们所接受。在历史进程中，校园文化与生活方式的演变推动着场所内涵的不断发展，大学里许多重要的公共空间曾是等级与权威的象征，但现已成为富有活力的公众交往场所。

创造大学校园环境的自身特色，校园的创作和设计应探求精神的表达，在硬环境上建构群体秩序并在软环境上传承校园文化并追求适度创新才是发展的目标。对自然景观和风貌的保护和诠释及对古老的校园建筑物的改修都是保护历史性场所的极好典范。欣赏和感受精心培育的大学景观是种令人振奋的审美和教育体验，历史和文化的联系在此体现，所有的校园都应该寻找、保留和展示其创建者的初心和使命。大学的校园环境总是千差万别，究其根源在于其所凝结和沉淀的大学精神不同，因为这种精神根植于它所在的自然地理环境、人文历史背景和校园建筑与环境风貌以及特有的办学理念或教育模式之中，清华、北大的校园精神已经成为其特有的教育资源，发挥着无可替代的教化作用。

对于历史环境的更新发展，空间实体的保护只是浅层手段，重点应在于分析空间特性，扩展场所内涵，赋予场所符合时代精神的意义与活动内容。同时，由于大学历史、性质、类别的差异，校园环境在发展演变中呈现出不同的氛围意境，使之对人具有潜移默化的教诲作用。每座校园都有自己的自然历史和文化历史。通过校园景观来识别和诠释历史是校园设计的目标之一，且是值得鼓励的。哈佛大学的霍尔登教堂最初修建的目的是用于祈祷，后来改建成化学大楼，还被当成了学院唱诗班的总部。在哈佛校园里，这一景观主要用来引发人们对过去历史的回忆。只有全方位理解“大学精神”，把建筑形态、空间布局、社会职能、心理感受等多方面加以结合，才能感受到大学校园所表达出来的“空间特质”。校园能吸引人们进入浓厚的文化氛围，感受并领略它所表达的信息，这才是设计的精髓。通过对建筑现象学研究方法的理解和分析，设计师可以认识到它存在的深远意义，大学校园设计的本质是显现大学精神，以创造有意义的场所。美国的乔治·华盛顿大学设计将地域性、文化性和时代性的意义赋予其中，表达了大学独特的性格特征和人文环境。通过建筑形象、景观展示等表达出文化的交融和校园故事，是校园建筑设计理论在文化融合方面的精品(图 2-30)。

当空间从社会文化、历史事件、人的活动及地域特定条件中获得文脉意义时，就成为了“场所”。一些有独特内涵的场所，不仅要与地区的情感与需求、技术工艺、特殊材料等一致，同时还与当地的政治、经济背景相一致。可见一个具有内涵或说有灵魂的设计应充分挖掘项目本身的历史、文化和所有相关因素，在设计过程中运用特有的语言将它们表达在设计作品当中，并尊重和传承才是设计的目标。

图 2-30　乔治·华盛顿大学的经典雕塑

(图片来源:作者拍摄)

参考文献

[1] 戴志中,刘晋川,李鸿烈. 城市中介空间[M]. 南京:东南大学出版社,2003.

[2] (卢森堡)罗伯·克里尔(Rob krier)编著. 金秋野,王又佳译. 城镇空间:传统城市主义的当代诠释[M]. 北京:中国建筑工业出版社,2007.

[3] 吴楠. 南佛罗里达州立大学坦帕校区:南佛罗里达州坦帕[J]. 世界建筑导报,2003,18(S2):60-63.

[4] 道格拉斯·山德-图奇著. 理查德·奇克摄影. 陈家祯译. 哈佛大学人文建筑之旅[M]. 上海:上海交通大学出版社,2010.

[5] 刘燕. 现代城市大学校园[D]. 北京:北京工业大学,2001.

[6] (美)克莱尔·库珀·马库斯(Glare Cooper Marcus),(美)卡罗琳·弗朗西斯(Carolyn Francis)编著. 俞孔坚等译. 人性场所:城市开放空间设计导则[M]. 北京:中国建筑工业出版社,2001.

[7] 纪立广. 景观设计视野中的场所精神:感悟托马斯·丘奇的“加州花园”设计[J]. 艺术生活,2009 (4):56-57.

[8] 毕毅. 世界顶级建筑大师:恩里克·米拉莱斯[M]. 北京:中国三峡出版社,2006.

[9] 林秋达. 弗吉尼亚理工大学与火鸡石[J]. 城市环境设计,2008(6):89-91.

[10] 赵榕. “事件—空间”:伯纳德·屈米的设计策略及其实践[J]. 建筑与文化,2010(1):96-99.

[11] 陈波,曾毓隽. 论场所的时间维度与结构维度[J]. 艺术教育,2011(4):155-156.

[12] 刘松茯,陈苏柳. 伦佐·皮亚诺[M]. 北京:中国建筑工业出版社,2007.

[13] 王冰冰. 一种生长状态:解读英国伯明翰大学校园[J]. 城市建筑,2006(9):40-43.

[14] 夏铸九. 夏铸九的台大校园时空漫步[M]. 台北:台大出版中心,2010.

[15] (美)米歇尔·沃尔德罗普(Mitchell Waldrop)著. 陈玲译. 复杂:诞生于秩序与混沌边缘的科学[M]. 北京:生活·读书·新知三联书店,1997.

[16] 王伯伟. 校园规划与自组织现象[J]. 城市建筑,2005(9):11-13.

[17] 陈瑾羲. 大学校园北京城[M]. 北京:清华大学出版社,2014.

[18] 王丹平. 文化·力量:大学校园文化建设[M]. 广州:华南理工大学出版社,2016.

[19] 李石宝. 基于文化素质教育视角的大学校园环境建设研究[M]. 北京:北京理工大学出版社,2019.

[20] 江立敏. 迈向世界一流大学:从校园规划与设计出发[M]. 北京:中国建筑工业出版社,2021.

第3章
大学校园公共空间构成与表达方法

3.1　公共空间的意象与场所特性

公共空间的主要功能是为人们提供休闲娱乐、欣赏景观、交往互动等需求的机会，促进人们自发性的活动，如步行、休憩、观看等。高质量的开放空间可以提升公共活动的频率，开放空间场所性要满足人们多样化需求。当户外环境质量好时，自发性活动的频率增加，社会性活动的频率也会增加。场所性是空间的一种综合属性，它反映了特定空间的场所品质的实现程度，一个具有持久吸引力并给人留下良好印象的空间具有较强的场所特性。近年来，大学校园公共空间的行为模式走向多元化，增强其场所特性成为校园规划的重要方面。评价场所性的一个重要参照是空间中的行为，而行为与环境有着诸多联系。环境的可达性是行为发生的基本前提，它是由公共空间的动线系统所决定的；环境的可读性影响着行为动机，这涉及公共空间的意象系统；环境的可持续性给行为的最终实现提供保障，它与公共空间的生态系统紧密相关。因此，对设计系统的控制可提升环境品质，对行为进行引导和暗示可改善校园空间的场所特性。

3.1.1　意象的表达与场所的意义

《中国土木建筑百科全书：建筑》中把行为模式定义为“在一定场所和时间中，人的行为的规律性。行为是人对外界刺激的反应，人类应付环境的一切活动统称之为行为，行为与环境的关系是一种相反作用的关系，行为是个人与其环境的函数”。校园主体的行为参与和空间交往之间存在着必然联系。人的社会交往需要有一定的传媒介质，在环境设计中，设计者的任务就是要将环境作为媒体，创造人与人之间的广泛的交流。如果仅有空间而没有人的活动和身心投入，空间则只有物理尺度概念而无实际的社会效益，只有空间与行为相结合，才能构成某种行为场所。校园公共空间的作用是为师生提供活动的天地，只有调动师生的参与和身心投入才能让它以人为本并具有生命的活力。无论空间的形状、规模、大小、组织形式如何，一个具有“可意象结构的空间”容易形成强烈的场所。视觉的清晰度和连贯性比松散的建筑和景观安排更受偏爱。校园规划要有明确目标，塑造结构清晰明确、特色鲜明的校园环境意象，以营造其浓郁的学术氛围，表达出校园独特内涵和特色，提高人们对校园总体形态的认知度、对校园整体形象的感知度，从而强化现代校园的育人功能。

凯文·林奇(Kevin Lynch)在《城市意象》中指出，城市的“可意象性”，即它可以被人认知和阅读，形成意象的特性，来源于三个方面：可识别性、结构、含义。其中最基本的一点，即可识别性，要求对象表现出与其他事物的区别，能作为一个独立的实体被认出。城市以及其中的元素均应在一定范围内表现出某种“图底”关系才能被识别，即对象应构成某种格式塔的“完形”，才可以被当作一个独立对象而加以认知。这就要求校园的主要区域首先在形象上具有一定的完整性，由此观察者才可能将校园作为一个独立的对象来阅读并考察它的特色。场所之所以不同于空间，就在于它包含了比物质世界更广泛的精神内容，涉及人对空间的感受和体验，并将之综合为一种整体的意象系统，而影响甚至决定行为的选择和参与方式，场所与其相关的活动、意向、形式之间密不可分。

空间应适应和满足人的行为模式的需求，并为人的行为提供必要的暗示，以此影响人在内外空间的行为。环境设计并非是个终极过程，而是需要不断地持续创建，环境可以服务于人类且还会受人们的影响发生改变。

空间是容纳人行为的场所，人的行为方式及心理感受对于空间构成有着重要意义。从根本上讲，人对空间的感受源于视觉形象。不同的空间形象源于不同的功能和审美要求，并给使用者不同的心理感受。作为空间主体的人对环境的心理需求及环境对个人行为心态的影响都是明显的。人对环境的知觉具有整体性，其对于空间的感知不仅局限于界面的具体形式，且能通过更深层次的心理活动、综合视觉经验、行为经验，感知形式的特有气氛。

3.1.2 公共空间环境尺度

从规划角度来考查人流集散和活动参与很有必要，校园规划的大尺度、中等尺度直到最小尺度相互联系，校园的空间体验要与整个校园的尺度之间建立适当的空间层次。如果宏观层次上的决策不能为功能完善、使用方便的公共空间创造先决条件，小尺度工作则没有意义，因为小尺度是评价各个规划层次决策的参考点。为了在城市和建筑群中获得高质量的空间，就须深入研究每个细节。

(一) 人体尺度

尺度是空间设计的方法和原则。设计的最终目的是创造有意义的、适合人们需求的尺度效果。尺度能影响使用者的各种行为活动，包括生理和心理上的，如行走、感觉、判断等。大学校园的设计应综合其建筑特征、要素和细部，达到符合人体尺度的要求。采用符合人体比例的建筑特征，以及明显适合人类行为需求的场地设计要素，例如建筑的细部让人们在使用时有舒适感，才说明建筑有良好的人体尺度。C. 亚历山大指出步行可达的角度考虑在 200 米以内和五分钟的步行距离，广场位置控制在 500 米内对提高其使用率有很好的作用，校园各区域控制在此范围内，可方便师生到达。C. 莫丁在《城市设计：绿色尺度》中将 70～100 米的街区尺度作为充满活力又宜人的环境尺度。当空间具有“人体尺度”时内涵会更丰富，因此与人的生活息息相关的大学校园应体现尺度宜人。

(二) 空间尺度

尺度的研究是关于人性的研究，设计者可以通过对形状、质感、明暗、色彩等的处理进行尺度的调节甚至再创造，以实现对理想空间氛围的追求。而内容和形式因素不仅指色彩、形状、质感，还包括塑造空间的具体的物质要素。当今校园形态与运动方式的紧密联系给校园规划带来了新特征、新问题。校园既需要动态的尺度、公共尺度，也需要人的尺度、静态的尺度。大学校园设计中各部分的实际尺度和理想尺度的表达常发生矛盾，这就需要通过一定的方法进行处理。设计中需要较大规模时，可以将个别的、小的尺度单位组织起来，使之结成一体，从而形成扩大的整体尺度；对规模较大的整体，也可用划分的方法来实现尺度由大至小的转化。

3.1.3 公共空间认同感和领域感

校园形象是人们一切感受的合成，因此将校园、建筑景观、人三者统筹考虑，以人文的视野寻求其共鸣的价值，包括人在内都是创造景象时的一部分，才能彰显场所精神。

(一) 大学校园公共空间认同感

建筑、空间的意义往往是通过某种空间环境特征承载的，正是这种具体的空间特征使人们得以识别空间要素的真正性质，产生认同感。通过对大学校园空间中行为心理的调查和具体的空间要素进行分析并研究其特征，后续的校园规则和设计可保持活力并不断优化。空间的意义方面，功能意义、文化意义、历史意义等都有助于对空间的理解。建筑、场地、树木等都记载着校园特定空间的历史与文化，这些要素有利于人们从时空的连续性去把握空间结构。被赋予意义的空间要素整合成一个重新蕴含内容的空间结构，可激发特别的空间体验。空间记忆是创造潜力的源泉，因为它有不确定性和关联性，建筑师应关注承载这些记忆片段的空间及与其深层结构的内在关系。

一种基于生活体验的空间结构，表现在空间关系上就是一种有张力的空间记忆、场所意象。大学生在校园中的行为是多样的，校园空间的营造要以学生的学习生活模式为引导，建立起多层次性的空间来迎合使用者的行为特点，为校园活动所需的空间提供多种选择。建立种类多样的使用空间，根据使用功能和空间性质凸显其特色；强调空间的特异性，一定区域内各具特色的多样化空间形成显著的关联性才能满足不同层次的需要，例如可通过开放的广场、多层次的交流平台、灰空间等要素营造多层次、相互关联的校园空间，使之形成系统有序、可意象性强的校园空间体系；同时校园活动也促进了空间之间的关联性，是人们把握空间整体特征、形成整体空间意象的重要因素。

空间的可意象性是人们通过对某一建筑环境的基本空间模式的识别，了解自己所处的实际位置以及与意象要素的方位距离关系和可意象要素的形象特色，达到对空间的认同。清晰且易于识别的环境给人以安全感且能增强人们内在体验的深度和强度，是人对环境的基本要求。成功的大学公共空间的场所性塑造包括三方面内容：物质要素为人的活动提供行为支持，它是场所存在的前提。一个场所通常具有清晰的实体形态且通过物质要素表现出来，物质形态的建筑、道路、景观及其表现的肌理特征是场所精神最直接的载体。人们在特定的场所中，通过参与到实体环境当中，通过丰富的活动体验才能产生积极的心理感受，只有充分提供人为活动的空间容量，人的行为才能赋予空间以场所意义；空间所承载的行为具有当地的特征及人文特质时，才能给予人场所感。公共空间特色能让人们融入到自然环境中以及体现地域文化，校园特色则要综合考虑场所、地域、历史、自然特征，才能使传统文化、地域文化、多样性在大学校园中充分体现。

（二）大学校园公共空间领域感

场所意义反映到空间形态上就是对形式和内容在深层次结构上相似空间的理解和认同，并由此产生领域感和安全感并促使其形成特殊的文化，进而影响人们的价值观念，即校园开放空间所反映的场所意义和文化内涵是场所性塑造的重要内容。领域的符号图式实际是越过了中心、路线等要素，从整体上反映场所感形成的结构化过程，领域的符号图式应表达各要素组合结构、秩序、布局密度等。秩序的内容包括各要素的位置关系、界面方式、尺度等，如校园中的街道、建筑、景观的关系。

校园公共空间对整体环境起控制作用，即空间结构的有机性决定了其整体性、连续性。公共空间网络的形成可以促成这种有机性的实现，是空间组织结构的关键点。人在空间环境中保持清晰的方位感是感受安全、舒适的空间的前提，同时使用者在校园中对方位感的需求主要表现为：容易掌握的道路走向和统一而连续的空间系统。校园街道空间的水平距离为空间尺度的首要构成因素。研究表明，不同距离的物体使人产生的视觉感受和心理反应各异。过宽的街道空间应在街道中间设置适当的物体将空间进行重新分化，如绿化、雕塑、构筑物等，使街道空间有适宜的比例关系。此外，街道空间中可以综合运用侧界面的限定、高度变化等，二次限定出小空间，并通过色彩、材质的处理和细部设计来完善亲切宜人的小尺度空间。

空间交往行为开展的状态积极与否，是评价校园开放空间活力大小的最直观的标准。当空间过于封闭，使人们处于强迫交往状态时，反而会使空间的活跃氛围转向压抑。在开放空间中，人们需要有一定的个人领域并保持一定社交距离，让自己处于安全舒适、不受侵犯的半私密空间里。在具有开放的视野而又始终与周围环境保持联系，自由地观察公共空间里的行为，便于选择性参与到交往活动中。

3.2 大学校园公共空间的总体意象

大学生在学校的大部分时间是学习各种知识的，学习构成了他们生活的主要内容。自主、自觉地学习和研讨是大学生最为重要的行为特征。校园空间是师生生活、学习、交流、交往、观赏、娱乐、休憩等活动的重要公共场所，也是构筑校园整体形象景观的重要因素。因此，应在分析主体需求的基础上，充分认识主体地位及与空间双向互动的关系，研究空间位置、规模、尺度及与道路和建筑关系等，更好把握其本质特征。

3.2.1 大学校园公共空间意象解析

环境意象是指环境出现在人们心目中的形象，是人脑的认知结构和环境形象相互作用的产物。良好的环境意象能使人们从精神上获得安全感且体现场所的质量，并让人们获得鲜明生动、结构清晰和有用的环境意象，具有明确特征的空间结构和形象是产生这一意象的根本基础和人们获得场所感的重要前提，表现在路径、节点、标志、边界、区域等五方面。

校园路径：街道、道路等是校园意象中的主导元素，其他元素常围绕道路来布置。作为校园骨架的道路既是行为联系的通道，也是景观的视觉廊道。

校园节点：道路交叉口、广场等有连接和集中的特征，营造了校园生活的舞台，包括景观连续推进的视线交点、交通线路交叉点及校园结构的转折点等。

校园标志：标志物具有很强的环境组织效果，它借助自身的造型特点，帮助人们在区域中定向和定位，包括古树、雕塑等。

校园边界：如城市和校园的分开区域，它是两部分的边界线，又可使其联系、渗透，体现开放性、私密性和安全性。

校园区域：通过体现主题单元的连续性，传达强烈的场所感。各功能区特征可由不同的空间形态、建筑艺术、色彩等来表达，如体育运动区可与其他部分隔开成为一个独立的场所。

以美国加州大学洛杉矶分校（UCLA）为例，校园空间要素提取后对人们清晰地认识校园有着重要作用，也是人们获得场所感的前提（图 3-1）。在场所、空间和环境创造中，如果没有将过去体验之记忆加入当下的场所和氛围中，没有在心理和意识中重现和重建体验之现象，就无法真实和具体地把握建筑之本质，因此在纯粹意识中结合体验、记忆、想象和视像所呈现的现象就是一种最本质的建筑内容。这种存在于空间结构关系中的生活情节，通过体验使许多时空要素连在一起，通过设计者的转换重构空间结构秩序，再通过观察者体验重新建立，以往生活情节与经验成为空间场所记忆，从而塑造校园空间新的形象。

图 3-1　加州大学洛杉矶分校(UCLA)校园空间要素提取

(图片来源：作者拍摄)

在空间组织的结构模式中，空间和行为的作用与反作用，即人类的活动要求空间有合理的组织；同时空间组合又启发和构成人类的行为方式。空间组织的重点是人类活动方式的关键，而空间构成的全过程也就反映了人为活动的序列。校园环境要满足师生的生活需要则要通过不同活动领域的建构来实现。以不同界线限定的领域，将人们的活动方式和程序相对固定下来，并为在其中所发生的活动创造气氛和条件，以达到控制参与活动的人员、时间和方式的目的。无论是单体还是群体，其结构、特征和元素细节中包含了特定信息，而环境经历主要包括人们在建筑环境中对事物质量、属性和意义的体验和感受以及人们感知、理解和评价空间环境的心理和行为模式。因此，创造符合主体需求的校园规划成为必然。只有切实地研究学生在校园空间中的活动，满足不同层次的行为活动需求，才能使校园重要的空间节点和形态符合学生的行为特点，如校园行为的高密度性和时段性等特点，这些因素将直接影响空间形态设计的质量。

（一）大学校园公共空间的舒适度

由于校园的基本功能有功能使用、认知活动、交往沟通和个性培养等四大功能。其中认知活动是寻找适当的参照系给自身定位，要求空间的可识别性强。交往与沟通是人们社会联系的基础，对师生沟通、学科融合等起到积极的促进作用。现代校园强调个性培养是指校园要提供一系列从公共到私密的领域发展空间以及充满个性化发展的场所。同时校园环境可激发他们的活动兴趣。所以在规划设计时强调学生的参与性，鼓励他们对规划设计提出意见，有利于获得他们的认同，可促进学生们组织参加各种丰富的校园活动，增加校园的生活气息。

大学校园公共空间和公共生活之间有相互依赖性，即公共空间为公共生活提供场所，公共生活所存在的容器是公共空间。同时，两者之间又有互构的关系，即特定的空间形式、场所可以引发特定的活动和用途。校园公共行为和活动倾向于发生在适宜的公共环境中并对其产生能动作用。大学生人群不仅对公共活动空间的围合性、多样性、层次性等产生需要，更需要公共活动空间对其行为进行引导，即从学生的运动、视线和心情等方面对行为进行引导，步行方式是人感受环境最直接的方式，它将各公共活动空间联系起来并形成网络，可提高各空间可达性。此外，控制主体行进过程中的空间节奏，创造生动活泼的行进路线至关重要。如在步行空间中穿插小型广场和供观赏的景致，或设置舒适的座椅、花架，为主体提供休息场所等，身处其中的人们总会感觉到他们所在之处有自发活动的空间。人们常有观看别人和被别人观看的体验，正如迪西(C. M. Deasy)所说："在吸引人的各种元素中，诸如自然风景、人造艺术品以及有影响力的建筑物等，最具强烈吸引力的元素是人。"校园公共空间的意义源自校园人群的生活体验，舒适、可参与性的公共空间最受师生欢迎，只有积极地提高空间的参与性及促进人际交往才能激发场所的活力。

从整体生态观的角度上看，大学内的群体也是个生态聚落，其内部的复杂性和活跃性，可促成人们的生活交往，维护校园生态的平衡与活力。而丰富多元的校园公共空间形态和空间对人性化需求的多元满足，可以激发出多样的校园生活，从而使校园空间充满活力。校园公共空间的使用者具有比建筑内部更强的广泛性和不定性，使用者越多也就越有被激发出多样化活动的潜质。一个高质量的公共空间能吸引人们去体验并分享发生在其中的公共活动。人们在校园公共空间中通过公共生活相互交往并产生活力且流动和渗透于校园空间之中。由此可知，校园活力营造的重点是校园公共空间，其活力来源于人，所以对以人为主体公共生活的组织，是校园公共空间设计的核心。

通过对南京邮电大学进行调研可以看出（表 3-1），校园环境满意度关联着多方面因素，如校园个性特色、功能布局特征、空间的使用与感受、建筑设计与使用及绿化与景观特征等。通过校园主体体验的分析可为现有校园公共空间如主广场、绿化景观、运动场、滨水地带等的激活和今后的校园规划设计提供借鉴（图 3-2）。

表 3-1 大学生对校园环境满意度统计表

调查类别	满意度排序			
主要建筑设计和使用	图书馆	教学实验楼	宿舍楼	体育馆
	38%	22%	21%	19%
最有吸引力的场所	主广场	滨水地带	运动场	绿化景观
	33%	27%	22%	18%
户外空间休息设施	符合人体尺度	舒适无干扰	美学特质	材料多样
	39%	26%	24%	11%
校园中的标志物	标志建筑	标志构筑物	雕塑小品	其他
	32%	27%	26%	15%

师生生活体验大多在公共空间内产生，它包含了基本功能以外的其他功能及与校园生活相关的活动，而公共领域的体验本质上存在着联系。从校园角度来看各种显性因素，各可见元素的存在不仅具有使用价值，其存在对校园环境也会产生新的意义。当然各建筑形式本身给人们视觉和心理上的体验毋庸置疑，这里有谈天的体验、娱乐和读书的体验以及与文化和历史传统建立联系的体验，这里有和谐、对立与冲突。

（二）大学校园主体的体验与场所意义

斯蒂文·霍尔（Steven Holl）将现象学理论运用于建筑设计理论和实践中，强调建筑与场所之间的关系及对建筑的感知和体验，实现了建筑的“人性化”和

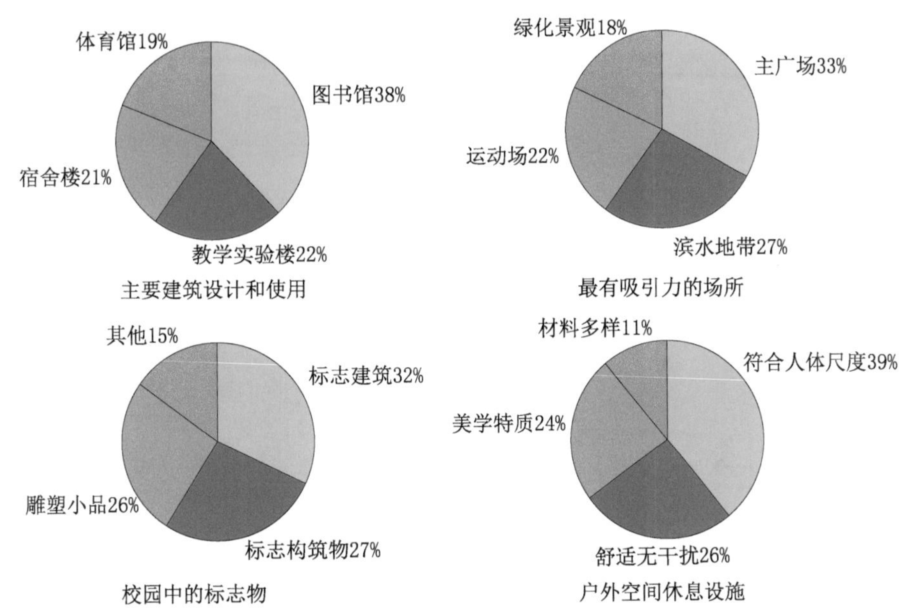

图3-2 大学校园环境满意度分析

（图片来源：作者自绘）

"生活化"。对他来说，不了解现象学方式就无法真正掌握建筑和场所的精神，无法正确解决建筑问题，且如没有对建筑体验的本能和建筑在材料、光、阴影、色彩、尺度和比例的知觉，则建筑无从谈起。他强调对建筑、环境的一切认识和体验只能通过置身其中，并从真实的生活中而获得。

在场所设计中，霍尔从知觉和真实体验上把握建筑与场所的现象关系，并试图以各建筑要素来表达、强化、调节和限制场所体验的思想；在设计中，他把关注焦点放在实现作品对空间、材料和光影间的相互关系的现象学陈述上，其作品充分调动人的各种感官去体验和感知。丹麦斯汀·拉斯姆森（Steen Elier Rasmussen）的《建筑体验》以许多具体生动的实例论述了人们是如何从对建筑的体验中获得对世界的深入理解及生活的乐趣和意义，揭示了建筑在给予和丰富人们生活经历中的积极作用。英国巴什大学的设施分布（图3-3），通过人们的出现和活动，有力地呈现出生活与周边场所间的关系，即具体环境体验中的建筑的价值、意义是与人们生活密切联系的。人们总希望校园给人的感觉不要太冷漠，就像许多历史校园一样充满多样性和复杂性。而目前老校园所具备的

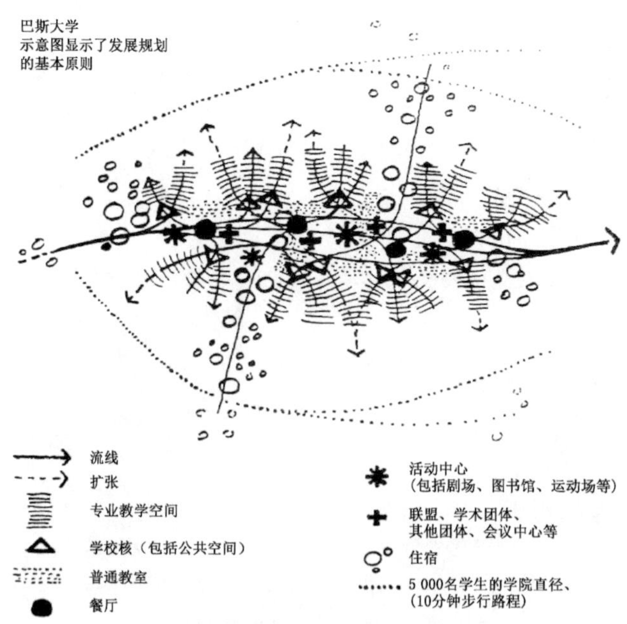

图 3-3　英国巴什大学的设施分布

（图片来源：Richard P. Dober 著作 *Campus Design*）

丰富的形态特征正是那些没有特色的校园所缺乏的，这涉及人们如何感知、使用校园公共空间。所以对一座校园有真正价值的评价，与大学校园师生的生活息息相关。

3.2.2　大学校园交往场所和交流契机

行为是一种可诱发和引导的动态过程（图 3-4）。从行为发生条件来划分，扬·盖尔将行为简化为三种类型：必要性活动、自发性活动和社会性活动。大学校园开放空间中的行为也可概括为：必要性行为，指那些很少受物质环境影响，在任何空间条件下都需要发生的行为类型。参与者对于空间常无选择余地，但空间环境质量对行为活动开展有一定影响。它主要包括日常的学习、工作和生活事务等，如步行去教学楼上课、去食堂就餐等。自发性行为指那些人们有参与的愿望，并在时间、地点允许的情况下才会发生的户外行为。它的发生依赖人们参与的主动性和空间吸引力。质量低劣的开放空间常让人不愿停留，而设计得当的空间则会伴随大量的自发性行为。社会性行为指在空间中有赖于他人参加的各种行为活动，包括互相交谈、各类公共活动以及社会活动等。

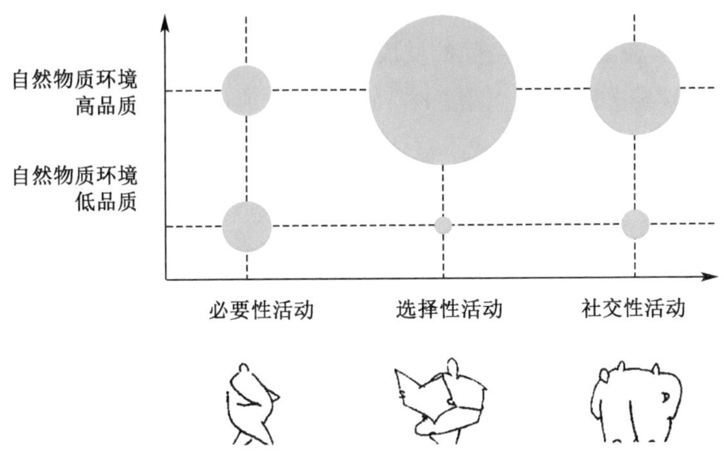

图3-4　不同活动对物质环境质量的要求

（图片来源：扬·盖尔著作《人性化的城市》）

（一）大学生户外交往场所的属性划分

在校园公共空间的设计中应有意识地根据活动层次来处理相应的空间层次和尺度，形成适宜的领域感，使得不同的活动各得其所。半开放性空间是大学校园公共空间保持活力的重要手段，设计时要满足学生的各种需求，主要包括公共性、私密性、舒适感等，形成多层次、多样化的空间组织模式，以适应校园生活和社会的复杂性。一方面，适宜的校园公共空间是校园生活开展的物质基础，师生心理行为的需求对空间环境的营造提出要求；另一方面在此环境中，学生理解了自身与公共空间环境之间的关系，于是空间成为符合心理行为模式需求的场所并成为生活的一部分，甚至改变学生的生活方式。因此，大学校园公共空间的活力取决于校园公共空间环境所具有的特质及其与校园生活之间的和谐关系。

马斯洛（Abraham H. Maslow）的"层次需求理论"中指出人类的行为需求的五个层次为生理、安全、社交、尊敬和自我成就。在校园中活动的主体是教职工和学生，其低层次的需求反映在校园中即对学习、生活空间的需求（如教室、图书馆、实验室、宿舍等），这些一般较易满足，而满足后两个层次的行为需求是在校园内创造不同层次交往空间的目的。校园需要满足不同的教学、生活、运动等活动需求，因此校园各类空间应该是多层次、有机的统一整体，并组织着相互之间的交通联系，通过空间的点、线、面的控制，可以创造出丰富的空间形态。

（二）大学校园的公共空间的交流契机

现代大学要求建立生动活泼的空间环境，并能让师生在课外自由交往、平等交谈。学习型空间多以个体或小群体的形式出现，学习的方式有独自阅读、讨论交流等，这就要求有适宜的天气、较好的自然环境以及室外桌椅等设施。学习型空间是校园环境区别于一般公共空间的主要类型。运动休闲型多以群体方式进行，场所为校园内各种相应的运动场地，它需要适宜的天气及一定的设施且发生的时间比较有规律性。暗示型空间是指在确定领域的同时，大学校园不同领域之间需要相互交流又彼此之间不受干扰的特征，把握这些特征才能在校园设计过程利用私密性和开放性来达到意想不到的效果。

因此，从使用性质出发，大学校园交往空间有外向型和内向型之分。外向型包括教学楼、讲堂、图书馆、实验楼等教学性质的建筑物之间的开敞空间。其作为校园建筑与道路的过渡空间，同时也为校内师生提供交流休憩的场所。而内向型空间则具有浓烈的学术氛围以供师生研讨、学生们交往和课余休息等，较适中的空间尺度，有利于师生间的密切交流。围合是内向型交往空间所要营造的空间氛围，内向、静态的领域空间常需要围合型空间，半封闭的室内或室外庭院空间能形成封闭与开放的过渡转换空间，是师生交流的空间场所。

3.2.3 大学校园公共空间吸引力研究

高品质的文化空间可营造有意境的文化氛围。当空间尺度小于人心理安全与隐秘底线时，会使人局促不安，该空间也就丧失了意义；若空间尺度巨大且围合感弱，会让人感觉空旷而单调且不愿停留。所以受欢迎的场所应具备以下的特性：公共空间在人群引入和驻留方面都应有空间特性，主要是针对功能形式重复、空间多余等问题，即各空间和形式在功能上都应有独特的主题内容和空间氛围；校园各功能空间应避免相互干扰，如公共空间的许多活动会对其他功能空间造成人流及声音干扰，因此幽静宜人的空间总更受人们的欢迎。赋予空间文化内涵将加深人们对它的印象和记忆，因为人群在公共空间的停留、活动多取决于对它的印象，如校园文化活动等会提高对空间的认可度。

(一) 空间的多样性与校园细部设计

大学校园是一个集学习、生活于一体的多需求场所。校园公共活动空间的活动大多自发形成,但是人为地、有意识地引入有意义的活动能丰富和提升空间的作用。从静态户外空间到动态户外广场、连廊,从大型开敞的草坪、水体到隐秘的绿地空间,多性质、多层次的户外空间提供了不同尺度、不同空间性质的场所,以适应不同使用者的需要。创造的愉悦空间视觉可激发校园活力,正如格式塔心理学家库德阐述的那样:"我们渴望一个比我们的瞬间处理能力大的,细部丰富的环境,它可以使我们兴奋并愉悦的融入其中。"对大学校园外部空间来说,特异性体现在空间底界面的形状、大小、比例、分割、构图、围合程度上。当人在户外空间活动时,底界面的独特性能吸引人的注意。另外,还体现在植物的种类、数量、种植形式、色彩搭配等方面,通过选择树种,可形成不同的空间效果。在规划设计中可通过有特点的人工环境,结合绿化、铺地等设施创造多样化的外部开放空间。建筑特征要注意立面风格、建筑轮廓、色彩、材质、细部处理、文化特色等方面。在校园规划建设中,建筑造型整体上宜简洁统一,但在局部重点地段,造型上要求形象突出的,可不必强求协调关系和简练原则,空间处理也可灵活多样,体量大小可根据需要调整,在色彩使用上可突出特异性和场所标志性。

大学校园的公用系统设施,包括信息设施、卫生设施、交通设施、休息设施、运动设施等。信息设施,包括以传达视觉信息为主题的标志设施、广告系统等。卫生设施主要是为保持卫生清洁而设置的,具有各种功能的装置器具。交通设施主要包括通道、台阶、坡道、自行车停放处等。休息设施以供人休息、读书、交流、观赏等目的而设计。体育运动设施则结合体育场地和休息区进行设计。环境设施泛指建筑室内外环境中具有艺术美感的、设置成特定功能的、为环境所需的人为构筑物等。此外,景观系统设施包括建筑小品、水景设施、绿化设施等。安全系统设施,包括标识性设施、无障碍设施等。照明系统设施,包括道路照明设施、街道照明设施、广场照明设施、建筑照明设施等。细部设施作为外部空间内的实体要素应体现人性化,师生的户外动作行为大致分行走、驻足、小坐三类,人性化设施可为它们提供良好支持。

(二) 空间功能的混合使用增加行为活动的类型

新型校园空间要能创造一个多样的学习环境,为师生之间多种形式的交流对话提供便捷多样的活动场所，功能复合的空间包括相近功能一体化和相异功能的整合化。相近功能的一体化是指将几种或多种近似的功能整合为一体；相异功能的整合化是指将一些功能迥异、在传统的功能关系上联系较少的功能部分拉近布置并通过相应的过渡空间进行联系。这两种方式能有效增加不同功能空间之间的联系、合理扩展教学空间、为多向交流创造场所，提高空间使用效率。

复合性主要体现为不同功能在空间形态上的交叠及同一空间在功能上的多元化，使空间得到最优化利用。它以其特有的功能与作用在校园中被广泛运用，容纳着各种不调和甚至矛盾着的观点、形式。例如，将绿色开放空间与校园建筑系统空间叠交、功能互补，使其与校园发展相融合，让绿色开放空间真正成为绿色中介且与校园融为一体。从整体上看，大学校园要求各种设施具有灵活应变的可能，功能内容相互融合才是可持续发展的基础。当今建筑技术进一步发展使建筑与校园空间的联系越加紧密，同时校园空间的立体化和复合化使各类校园空间具有相应的灵活性和可变性。

罗伯特·文丘里(Robert Venturi)曾提出建筑应该具有复杂性、多样性的特点，经过精心的组合，可以使它们形成一个有机的整体，达到多元化的高度统一。空间如结合景观设计，灵活设置可坐的台阶、矮墙、花台、树池等作为多功能的设施，可为师生提供更多休憩空间，所以从人的行为因素考虑，通过空间和布局去诱发各种新的行为活动，提供较多的随机交往空间。同时包容各层次的空间需求，并鼓励和激发师生们的创造性空间异用行为，避免空间功能单一化，使空间成为适合闲谈、合作、讲故事等多功能且受欢迎的场所。

3.3 大学校园公共空间组织与表达方法

大学校园新建公共空间也需要设计策略的指导，场所被个体视为一个意义、意向或感觉价值的中心，场所是建立在对象、背景环境、事件及日常生活的活动与依存条件上。场所营造既关乎私密空间，更涉及公共空间。D. 海登(Dolores Hayden)在《场所的力量》中指出，“公共空间有助于培育一种文化归属感，并使人认识和尊重多样性，公共空间是个人和集体社会记忆的仓库”。通过培育公共领域来营造场所感十分重要，例如哈佛大学、康州中央大学和斯坦福大学的室外公共空间等体现了大学独特的氛围(图3-5、图3-6、图3-7)。戈登·卡伦(Gordon Cullen)指出:“一个观察者行走在一定的环境里,记录下他在运动中现有视野和随着他位置的移动而不断变换的视野。人对自己身处在环境中的位置、对

图3-5　哈佛大学室外公共空间

(图片来源:作者拍摄)

图3-6　康州中央大学室外公共空间

(图片来源:作者拍摄)

图 3-7　斯坦福大学室外公共空间

（图片来源：作者拍摄）

空间的意识及其他的基调和特点都会做出一定的反应，对这些反应的理解会对我们观察到的事物进行补充。人对环境在情感上的反应的另一方面就是对场所涵盖的内容的认识，即认识结构肌理中的颜色、质地、规模、风格、特点等。人们可依靠感知原则创建环境，如健康性、舒适性、便利性和私密性。”可见，大学校园公共领域的环境优劣对校园整体性和景观要素控制的重要性。

大学校园规划除了建筑实体外，外部空间作为校园生活的发生器，也是校园中最有活力和产生公共记忆、公共特征的主要场所。校园在物质环境实地营造的同时，应更加重视景观的创造、多层次环境场所的氛围营造，因为它们才是作为校园非物质文化的基本载体，构成了包括传承校风、学风与内在的校园文化的主要空间场所；因为自然生态要素孕育着丰富的思想内涵，给人启迪并对学生的思想道德及品格修养起着潜移默化的影响，也对场所精神的营造起着重要作用。

3.3.1　空间交流多元化发展趋势

大学校园的物质空间要素的构成原则，包括结构原则、层次原则、线型原则、特色原则等，作用不可忽视，其中结构原则强调建筑在整体中的关系，包括形态、空间、景观、行为、文脉、肌理等结构。美国加利福尼亚大学伯克利分校是加利福尼亚大学的原始校区，还保留着其原来的面貌。它是点状空间形态的典范，其空间构建主要形式有中心广场、公共绿地、主要建筑物的前廊和后院等。伯克利学院中许多尺度和风格不同的中心广场是校园开办展览、举行集会的主要场所。

(一) 大学校园空间氛围的塑造

场地设计涉及一个具体地块的自然和人工要素的组织。凯文·林奇(Kevin Lynch)和卡里·哈克(Gary Hank)将场地规划(Site Planning)定义为“组织大地结构并塑造空间的艺术,是联系建筑、工程、景观设计和城市规划的艺术”。建筑空间的塑造是通过它周围的东西及其内的物体被我们感知。空间是被限定的,意义是明确的,也是由其外部和内部物体单独或共同决定的。校园空间组合就是运用建筑外部空间的构图规律和处理手法,在场地内将建筑、绿化、道路、小品等有机组成统一完整的建筑群体。建筑群体组合不仅要满足建筑与外部空间的使用功能、技术和经济的要求,更要符合空间的群体组合规律。设计则要处理好场地中各元素的组成关系;以建筑物来组织整体布局使场地秩序更简明,其他内容均围绕建筑物组织,以便与建筑物形成较理想的关联形式且使建筑物功能得到有效支持,突出建筑形象且与城市空间结合。

建筑实体要与外部空间互为依托。活跃的建筑元素成为空间中的焦点和限定空间的元素,通过这种外部空间的分隔、渗透与联系,避免消极空间的出现,这些空间也因此成为师生课余交往、交流和举行各类活动的平台,成为校园场所精神的物质载体。作为塑造空间的基本工具,校园空间通过单体建筑之间的相互配合来实现,由此产生的空间因尺度和围合方式的不同,成为适宜而丰富的街道、广场等空间形态。

场所周边建筑收放、建筑色彩明暗、材料轻重、风格变化等会对场所氛围的塑造起决定性作用。因此,通过建筑的塑造,校园空间可被划分成若干功能复合的小单元,在单元尺度上对空间进行人能感知的设计,同时保证单元之间及与其他功能间的互补联系。由此避免对构图和形式感的肤浅追求,转而注重各单元的空间品质及相互关系,保证焦点空间的独特性并使每个单元密度适宜。

(二) 空间交流的多元化发展趋势

今天多样化交往空间与多元化的文化交流成为趋势,社交成为校园生活重要的部分,然而在日趋复杂的高校学生交往环境之下,交流空间逐渐成为一种模糊的多样性空间。因此不同的建筑可通过设置综合性交往内容来吸引人流。例如,通过模糊专项使用的流线或者在组团的交叉边缘设置共性功能空间并使它们形成重叠和交叉等，促进组团之间交往、融会贯通等都是模糊多样性空间的建构方式。在局部的个体空间布置多种综合功能，避免开放空间失去使用功能或功能单一化，是有效提高效率的方法，也就实现了空间的吸引性、可及性、效能性以及构建出行为路线的综合网络。

建筑空间的组织是场地满足功能、美观、安宁和效率的基础，应根据动态空间的组织要求，依靠建筑、道路、绿化、环境小品等物质形态的连续布置，建立起合理的空间序列，达到各种场所的动态平衡。建筑空间的序列组织与人流活动密切相关，须考虑主要人流的路径并兼顾到其他各种人流活动的可能性，各因素在配置关系上形成彼此关联的轴线，以保证各种人流系统的、连续的视觉形象。建筑空间设计除了满足人的生理、多样化的室外活动等要求外，空间环境要符合时代特征且创造合理有效并富于变化的空间。

以建筑物和空间共同组织的整体性布局方式所产生的校园空间具有较大灵活性、可变性，场地空间更丰富和有层次；而分散式布局可分解建筑体量并使之易与环境融合，但分散的体量有时会削弱建筑的形象。例如，以空间来组织整体的布局方式，建筑各部分之间并不直接连接，而是通过它们所共同包围的核心如庭院、广场、绿化等，连接在一起，使场地布局的秩序结构简明清晰且整体感强。

场所营造要关注、支持、允许和促进社会、文化交往的公共生活空间建设。校园空间要充分考虑师生在空间中的活动，既要有彼此独立又相互联系的各种场所，又要有运行方便和舒适流畅的路径。校园空间的组合正是将分散的单体按一定的功能顺序及场地与校园的实际条件，按一定的结构关系和组合方法等，经组织后达到功能性、自然性、经济性、艺术性、生活性的统一。

3.3.2 空间组织满足人性化需求

面对教育世界的复杂性，实现环境育人和提高空间环境品质是必须的。当今大学校园应积极创造一个具可变性、适应性强的外部空间。在知识经济时代，大学的作用不仅是让学生获取知识，且要培养学生的综合能力。对话、交流、沉思乃至休憩等课堂之外的学生活动变得更重要，校园就要为学习提供各种形式的场所；建筑为人们提供了最基本的使用空间，而外部环境则是完善的、富有人文精神的校园所不可或缺的，即要确定大学校园外部空间环境的整体性、层次性、多样性、文化性及生态性，还要掌握使用者心理、行为特点对外部空间环境的需求。大学校园规划要重视外部空间环境的积极效应、绿化空间的完善、步行空间环境的多样化、环境设施的完备。积极引入小规模、动态更新的方法和建立完善的使用状况评价体系等,保持校园空间持续发展。

大学校园要形成具有地域特色的空间环境并以自然为依托,充分利用身边的自然生态要素,例如水系、绿化、山体、气候等,始终以人和生态为本,让开放空间形成富有吸引力的场所环境,体现出人、自然与场所的和谐统一。现代大学校园交往空间的设计已日益趋于多层面、多场所、立体化,它重视外部空间、开放空间、中介空间等设计,例如通过室外的庭院、公共廊道等增加咖啡、展览等公共活动功能;在室内外交接的灰空间以架空层、楼梯、平台、廊、屋顶花园等方式强调空间的渗透交流;此外还应注重人文尺度的控制,即校园建筑设计要把人性关怀落实到设计的每个细节。从使用者的尺度、心理要求、行为方式以及感知体验等出发来进行设计,是环境营造的基本准则。

大型校园公共活动空间应注重空间的层次性表达,使其既适宜多数人交往,也宜于少数人阅读、小憩等,并将车流和人流进行空间隔离以免相互干扰。空间分隔要借助于景观设计给人舒适感和美的享受。校园公共活动空间围合界面要素有建筑、树木、柱廊、雕塑等,高差设计等也会对空间产生限定作用。在外部空间中围合感较强的空间,领域感和停留感较强会使人产生停留的心理;围合感较弱的公共活动空间使人在行为及心理上产生不安定感且让人在此停留时间缩短,空间的内聚力和吸引力就会降低;但完全围合会使外部空间失去开放的意义,所以在设计中既要保证空间的围合与限定,又要使各空间相互渗透。

(一) 空间需求与主体活动研究

使用者对建筑外部空间的需求分为生理、心理和精神三个需求层次,实际生活中它们是相互交织的,因为场所质量与人在其间的活动有密切关系,因此可结合使用者的活动对以上三个需求层次进行分析。使用者的生理需求方面指使用者因环境刺激产生的各种直接感受,它是使用者对建筑外部空间最基本的要求,而创造良好环境与其相关,例如活动区种植落叶乔木和设置建筑小品以及增加户外座椅,增加使用者的领域感、私密性等。使用者活动的不同则要求有的私密程度不同空间。在增加户外座椅的同时,需对设置的位置、组合形式加以推敲,组合式座椅或者借助分隔矮墙、花坛、围栏等设置一些辅助性座椅更易满足小群体活动的需要。总之,宜从全局的角度出发,让使用者的思想意识与环境的意境之间产生共鸣。校园场所的意义在于以塑造舒适的吸引人的空间环境，而精心的景观设计应合理布置舒适美观的且与整体空间效果匹配的室外设施。在每个细节设计中都要认真地考虑人的需求，同时考虑多功能、多用途的综合设计，使空间具有兼容性且有多种利用的功能并最大程度地发挥作用。

场所的私密性和标识可通过植物的围合、空间的开敞等方式实现。根据环境行为学研究可知，人们之间有不同心理距离会产生不同的空间效果，这对校园外部空间环境的人群关系同样适用。在道路节点、交叉口设置路标和区位图，标明周边去向并加以引导，也可通过不同颜色、图案进一步明确区分。针对场所中人的行为特点设计具有私密性的空间，如设计可供少数人使用的，具有可视边界的小空间，这样可以有全部或部分的空间支配权并可控制与外界的联系，可避免外界干扰。还可利用灌木隔断等划分空间，使其隔而不断并保持一定封闭性质的空间感，以提高私密程度和安全感。

（二）POE 方法的应用

POE(使用后评价)是从使用者角度出发，对经过设计并正被使用的设施进行系统评价的研究。通过规划设计来充分使用建筑、环境、景观等信息资源，体验社会、空间、设施，这三方面与使用者对话，了解校园行为活动的特点和要求和建成后的使用情况，然后有针对性地改进设计。可让师生加入设计大学校园建筑外部空间环境，这是把大学校园建筑外部空间设计作为一个循环、上升的动态系统的关键，将使用者的需求贯彻到校园建筑外部空间环境设计中。引入足够的兴趣焦点和加强场所的依托，提供视觉欣赏或充当行为媒介，休息放松要通过外界配合得到。校园场所只有提供足够的主题元素和丰富的环境内容，使休息时有景可观，有物可看，才会使各种分散的不同活动融合在一起，提供看与被看的可能。外部空间的趣味活动给人带来生机和乐趣，适当增加外部空间环境可坐的面积和依托物，使户外发生的单项活动，如行走、娱乐、停留等有机会交融在一起，形式更有趣味。如图 3-8 所示的加州理工学院和加州大学伯克利分校，在庭院内设计了多功能使用空间设施。因内部的主题元素不同，不仅可与其他空间的元素相互渗透，还令庭院空间彼此之间的互动性加强。边界效应也值得关注，校园建筑外部空间环境边界的有效处理是开展活动的基础，而餐饮、交往、选购等都是一种参与，即在外部空间中要提供必要的活动及服务设施；同时要注意外部空间边界处理和依托物的设置，为逗留者提供更多的空间设施。

图3-8 加州理工学院景观空间渗透(左图)**和加州大学伯克利分校空间设施**(右图)

(图片来源:作者拍摄)

3.3.3 空间设计与主体参与性的关联

(一) 行为需求下大学校园空间的设计与组织

大学校园空间环境与师生行为之间是双向互动的关系。即一方面是环境对人的影响,让师生逐渐地适应某种特定环境;另一方面是人们不断选择并改善其周围环境,以适合他们的学习和身心健康发展需要。因此,要运用心理学、社会学、行为学等理论研究形体要素引导大家的环境知觉和空间行为。场地与道路的动态、静态功能或者场地本身的交通与休憩间的关系,决定其使用频率和质量,如交通与休息观景相互分离时会影响人们进入;而两者兼容时,因进入场地自然便捷则能吸引容纳更多使用者。

校园路径空间具有连续性和指向性,它联系着各建筑群体和空间场所;由于串联着各种形态的空间,所以通过它能更直接、立体地感受和体会整个校园空间;同时连接方式要有特色,例如可利用其周围建筑的不规则排列,围合成尺度有变化的连续空间;还可采取与环境有机结合的手法,通过铺地、台阶、柱廊、花坛和座椅等的精心设计形成诱人逗留的活动空间。

(1) 空间形态设计。因大学生的行为特点具有高密度和时段性,基于这种特点,外部空间开口的设置应综合考虑学生的主要行走路径方向。例如,处理广场的进入方式与学生人流的关系,当外部空间入口和主要人流步行道路相平行时,要避免最直接的视线干扰,路旁区域使用性相对较好并可形成停留感,空间过渡合理可避免人流量大时对广场使用的冲击;而当师生们进入场地自然便捷,虽会增加穿越行为，但可使场地吸引容纳较多使用者。

（2）空间的渗透性。空间本身虽不能直接创造某种行为和事件，但增强空间的渗透性能把人吸引到空间中来，创造参与的机会。校园外部空间设计要充分利用各种自然要素，例如通过借景将宁静致远的水面引入人们的视野，可增加景观深度与层次。界面的通透化暗示着空间的连续性和内部活动的开放性，有利于室内外空间的相互转化，使环境中的人对内部活动产生兴趣；而内部活动设计对外部空间特征也形成影响，自然空间可以渗透到室内，内部空间可以延伸到室外，从而形成了建筑内外部空间心理情感的交流。柔性界面如围栏、矮墙、绿篱等的断隔，既能产生明确的限定范围且又不阻挡视线。因其形状、位置和尺度的不同，所界定的空间视觉感也各有差异，界面空间与它相邻空间相互渗透，创造了更多的过渡空间和交往机会。

（3）公共空间节奏转换。校园主要广场的位置应根据人流状况布置在人流集中处，充分发挥广场集散人流和校园“起居室”的作用，重视校园和建筑物的入口空间、校内重要景点及活动场地等设计校园公共活动空间才能更吸引人进入。大广场的设计应结合校园道路绿化系统布置，而与建筑邻近的小广场应强调其易达性，扩大其步行系统，增强环境的变化和提供各种驻足场所。此外，空间节奏的转换、空间形态的组合、动静态空间的结合也是造就丰富空间形态行之有效的规划手法。校园公共活动空间的位置在很大程度上影响着空间活力，它应该安全、方便且易于到达，这就需要校园规划分区合理、道路便捷。同时，周边建筑及道路应对公共空间环境提供相应支持。其次，要充分考虑人的因素，注重空间形态的导向性，便于使用者参与其中的活动。

（二）空间的拓展和场所多角度视景研究

大学校园各层次空间可通过相互延伸、拓展和联系，形成空间开合、收放、转折、对比等意境，丰富校园空间。活动是从内部和朝向公共空间中心的边界发展起来的，人们的行为始于建筑物的边界，继而向整个空间发展的，如边界的限定与引导。正如克里斯托弗·亚历山大(Christopher Alexander)在他的《建筑模式语言》中指出，边界设计与空间活力之间存在着必然的联系。因此，人们的行为从建筑边界甚至建筑内部就已开始，保持空间连续性是创造良好的交往空间形态的重要方面。尤其教学区的交往空间是室内与室外的连续、外向型空间和内向型空间的连续，是校园空间节点的连续序列。此外，还可通过中介空间的引导，例如建筑通过前廊的外挑和底层入口的后退，形成穿透连续的空间序列，利用灰空间将室内外空间有机地结合在一起。

英国的克利夫·芒福汀还在《街道与广场》中提出了多角度视景研究的方法，即使用恰当的角度将校园中建筑物在空间中联系起来，可以使几个建筑形式相互协调。建筑物具有三维性质，即在一个二维首层平面上具有造型立体形式。但此情况下，其平面上的相互联系是一个恰当的角度，并且所有的水平线都消失在相同的点上，围绕群体走动，各建筑物是被当作立体形式来欣赏的。不平行布置的建筑物，正如吉伯德所指出的，在空间中产生不规则的布局，并几乎肯定"会产生一种混乱的外观，因为每个建筑有着不同的消失点"。以恰当的角度来联系建筑群彼此之间的关系，已经是一种较普遍的组织方法，尤其是新建校园和在较为平坦的地形上建造时值得借鉴。

3.3.4 空间的组织与叙事方法

大学校园序列空间展开的过程中应考虑校园空间的比例与尺度，以促进人和空间的充分交流；注重校园空间序列中的对景的使用及长度的选择；还应综合考虑空间的艺术性和以步行为主的校园交通。空间序列组织是统一大学校园空间中的各种活动和物质形态的法则之一。通过寻找空间中的基准线，形成组群的有序形态。基准线可以是河岸、坡地、基地等自然线或是空间轴线等，校园空间形体在这些基准线联系下取得协调统一，即空间与行为相互依存，以适应不同流线的需求，如步行、观赏、车流等不同群体对空间的要求不同。在校园空间序列的主轴线上，综合运用空间的衔接与过渡、对比与变化、重复与再现、引导与暗示等一系列空间处理手法，把校园各空间组合在一起。

大学校园有秩序而无变化会让人乏味，有变化而无秩序则会杂乱无章。因大学校园追求多样的知觉层次，相互邻近的元素易被感知为有内聚力的整体。设计师应关注校园的整个生活空间和人文环境，明确各设计要素应遵循和突出重点规则，保证整体统一的方向。空间秩序作为一种视觉手段，它能使建筑中的各种形式和空间，在感性和概念上共存于有秩序、统一的整体之中。在空间中的序列感由人们在运动中穿过不同的空间而获得。除空间变化外，人们还经历了时间和主观情感变化。空间、时间和情感构成了空间序列的三个基本变化因子。以时间感受为例，空间的序列分为空间的开始、延续、高潮、结尾。空间入口常作为空间的过渡及人心理的过渡。作为空间序列的开始，它把人的视线和心理收拢到眼前的空间中来，把注意力集中到要追求的目标上，使人的心理指向投射到对后序空间的期待和渴望，即要让人对空间产生吸引力，对人进行情感的预设，使人从原先初始心态进入设定的空间。在欣赏空间的焦点之前，为使人们的审美情趣不断深化，常利用一些导向性的空间界面将人的视觉线逐步地引向焦点。

（一）空间的体验与感受

空间的延续通过空间中的景观隐约呈现，从而视线上形成强烈的诱导和吸引力。此外，亦可利用隔景、断景、障景、夹景等手法，增加空间的层次性和心理运动；同时改变传统的序列空间中直线形界面对空间的引导，在此基础上形成了曲线、折线形等复杂序列；空间的高潮是人们视线期待和探寻的目标，通过界面的变化将人的视线逐渐或突然引导向目标，使人的心理得到满足；空间的结尾常用视线扩展的虚收手法，形成对空间体验的回味，即景断而意不尽。结尾处也常利用轴线的指向来处理，界面形式的变化将人的视线引导向更为开阔的远景中。此外单元重复也是重要的建筑空间的组合手法。组合的同时也是一种程序和流线的安排，组合时的轻重缓急、延展停顿等都赋予建筑空间以运动和变化。人们对空间的体验和观察并不是静止的，而是在连续行进的过程中逐一穿行各个空间，并形成完整的空间感受。在对空间的体验过程中，空间、时间因素是共同作用的，在加强空间的序列感的同时把空间和时间先后这两种因素有机地结合起来，构成先后连续、既协调一致又充满变化，形成有节奏感的空间序列。从而给空间体验者以完整、深刻的空间感受。美国麻省理工学院西蒙斯楼趣味中心的设计向人们展示了较好的空间序列，空间的重心处设置了让人感觉非同寻常的节点，满足了空间的层次需要；趣味中心的设置讲求合理且形成良好的空间序列。所以在大学校园空间设计中，除了给居住的学生提供舒适的空间，还可以将剧院、咖啡厅、食堂等一起设置，为学生生活提供方便。

（二）各种关联的力线之间的建构

埃德蒙·N. 培根(Edmund N. Bacon)先生提及的，经典的城市设计发展的方法在校园设计中给了我们启示，即校园里多个有特色的建筑物和标志物之间应建立彼此之间的关联。这些要素的相互关系及与校园建筑相互作用的确立，推动了一系列设计力，从而成为沿线建筑发展的支配要素，且这些联系线延伸形成设计系统网络。西方一些校园则是通过建立要素之间的线性关联在两者之间确立秩序，这些标志性因素对整个区域都会产生重要影响，且成为区域秩序的生长点。只要设立一个与已知元素相对称的元素，就会在两者之间确立一根轴线，此思路在建筑群或单体扩建中经常被采用。所以基准建构线索来源于外部，即从环境形态中去寻找联系线索。而保持原有形态秩序的延续或是建立新秩序，都是以对校园整体环境的重视为出发点的。

校园空间整体性的形成离不开空间节点的相互关联，空间的力线关系是隐性存在的，通过校园主要节点和标志的线性关联，能让人感受到它的存在；利用空间节点的关联建构空间力线关系同样能产生强烈秩序感。直线运动是符合人类生理习性的运动方式，是人在空间中活动的普遍方式。而动态空间体验所考量的是人的运动方向与空间轴向性的关系，以及人在连续运动中对多个空间单元中的异质空间和复合空间的体验，而空间轴向性是形成动态体验的基础。

序列是按一定秩序连续变化的空间或空间群。通过有序的变化，将构思中的情节与立意物化为元素的特点组合空间关系，使得元素获得空间秩序且具有特定的意义。如果说几何学空间为人类提供了行为的秩序和空间的框架，建立了空间的结构；而物质为主的空间使人们扩大了行为的领域，提供了行为的场所和需求的满足；那么人的空间必将在原来的基础上，不断地扩充空间的活动内容和含义，最大限度地体现人的价值和中心地位。大学校园空间序列组织强调静态的组织和动态的感受，它注重整体性和序列情节与表意的整体连贯。研究空间的组织方式才能把握校园空间的本质内涵。

（三）大学校园中不同的叙事手法的运用

空间以独立的思想和情感讲述自己的故事，这种叙事充满着感性，让心灵感知它的存在。任何空间的参与者都可融入自己的话语，对其进行编排。这种叙事是透明的，活动于空间内的人和物永远是真实的展露。其手法包含了空间的跳叙、并叙、倒叙、插叙、断叙等，它不仅为体验创造条件，且最大程度地加强了使用者参与体验的可能性与空间意义。

（1）空间并叙和跳叙。自然的“心理时间”成为建筑师们创作的重要元素。人们在建筑中，通过活动体验时间感受。如中国古典园林中“移步换景”的空间处理，将原本在两个时空出现的场景同时并置在同一时空中。在校园空间的预留空间中常容纳了这种品质，由于事件的并置，就发生了故事。只要有变化存在，这种对比就存在。对比的场景编排在同一时空中，便是一种空间叠现。如斯坦福大学的校园空间通过空间的并置(图3-9),在丰富空间形式的同时加强了空间交流。空间跳叙指省略其中的若干场景,形成一种心理描绘,尤其是在西方古典的校园中,校园景观直接延伸到了城市街道,并接纳公共空间变化,略去城市与校园之间的过渡形成跳叙。这种手法会传递出不同的空间效果与意义,由空间场景的过渡勾勒出多个事件功能的变化与进程。此手法在空间体验中常可营造种种追寻式心理体验,形成一种张力。

图3-9 美国斯坦福大学校园空间

(图片来源:作者拍摄)

(2) 空间断叙和倒叙。当完整的空间被切开成为两个空间则形成张力,给人惊奇之余的联想,于是显露出更深层次的特性;通过多样的路线设计和连续的空间序列变化,改变人的心理、观赏时间,某些建筑通过时空变化塑造出时空感。空间倒叙指本应后置的空间场景提前出现或本应出现的场景被延后。校园空间中的变换给人一种悬念,强化了空间主题。

(3) 空间插叙。将一个事件空间插入到另一个事件空间中,表现无限延伸的可能性;或以自参考线出发结束于同一点的无限迭代过程,激活原有的空间体系,同时创作一种情节体验中的偶然性效果。如库哈斯设计的IIT活动中心的采光天井,在室内空间中插入了一个向天空、向自然开放的室外空间,将光与影、微风融入了日常的生活场景中,以感知自然的变化。

高品质的校园规划应能提高学生的活动质量。规划设计要对师生的行为模式和特点进行深入分析，研究场所活动的引入、空间设施的设计等，激发空间的活力。由于建筑类型的不同和使用者对空间的要求不同，要充分理解行为与空间之间的相互作用和外部联系，从而采取恰当的方法来设计空间的形式。例如，空间动态体验的设计手法是场所中个体通过运动而产生的时间、空间差异或者将节奏与时间、空间和运动相联系，包括空间组织、意境变化等，建立人、空间、自然协调的关系。

3.3.5 空间多维度表现手法

大学校园场所以媒介表现出来，例如通过建筑形式、空间句法、材料语汇等。空间依托建筑、景观等实体为媒介，通过寓意表达精神的存在。在塑造空间的过程中，利用多种表现手法将空间特质展现给人们。

(一) 空间的趣味感

大学校园是城市的文化教育中心，更是思想交流的场所。大型校园如城市。城市空间的本质启发我们要从人对实际空间的感知去思考其空间的规划策略。纵观欧美和我国历史悠久的大学校园，受特定的地形、气候、文化、学校性质等影响，风格迥异。当仔细解读这些校园规划设计时，可发现其本质是对建筑及户外空间形成某种特殊的组织关系。校园户外空间的品质直接影响校园面貌、特色和空间规划的优劣。

校园空间要重视趣味性表达。边界渗透和空间延续是空间构成要素由内部空间向外延伸的方式，包括内外空间地面铺装质感、纹理、色彩、铺装方式等。一致或相近的材料，使内部空间自然地延续到外部空间；通过墙面或隔断连续内、外部空间；选用装饰小品，或通过水面、绿化等要素的渗透可使内外空间延续。路径空间和空间流通除考虑交通功能外，还可考虑将路径与点状休闲空间相结合，融合不同使用性质以及动与静、松与驰、快与慢的多层次行为心理感受；这种外部空间向校园开放或与停车设施结合成人们的进出通道，可成为校园空间的有机组成部分。关注空间对比和轮廓变化，通过利用建筑外部空间大小、高低、开敞与封闭以及不同形状之间的差异对比，避免单调的围合而产生变化；轮廓线的变化主要由一定角度看到的边缘控制点决定，经过设计的控制点使群体产生连续并形成张拉力关系；通过对比手法的运用，能破除外部空间的重复和单调并产生空间趣味。

（二）空间的层次感

空间层次性的含义：一是好设计应对所处环境特征做出诠释，同时为提高环境整体质量作出贡献。正如齐康院士所说："建筑师的创造要有环境的感应。这个感应是综合的，包括一切影响设计的因素。"一个完整的校园空间由多个次一级的空间组成，即所谓的空间层次由多种因素决定，校园的整体空间由若干相同或不同功能的建筑组成，由此空间存在主次、前后、多少之分。

校园空间层次处理的表达要注意渗透性和多样性。建筑物通过围合要素的增减变化、内外秩序等来增加中介空间的层次，赋予外部空间更多的内涵使建筑与外部环境的渗透性增强；还可通过水平面上升或下降拓展空间环境；建筑以广场或庭院等公共空间与校园街道、广场等外部空间相连接，即内部空间与校园整体空间环境相融合即可形成有机的整体。人的需要、意图及心理层次的多样性导致外部空间的功能与组合呈现多样性，要充分利用环境条件表达空间层次，创造有秩序且富于变化的外部空间。

3.3.6 空间连接模式分析

校园规划要考虑整体的环境设计，以合理的空间模式协调建筑与校园之间的复杂关系，建筑体形与外部空间的关系互为镶嵌并呈现出一种互补关系；建筑与其外部空间相互交织、穿插融为一体，才能构成统一而又和谐完整的空间体系。建筑自我的功能性和个性，要以一种融合的方式对待外部环境的要求。建筑外部空间要求满足交往空间中人的心理需求，真正吸引并容纳人的活动。

校园建筑设计要加强内外空间的渗透使其成为建筑向外延伸的空间，衍生与扩展校园活动，诱发休憩停滞行为和注意力，促进内外部空间的互动和对话；同时外部空间使室内外空间的过渡具有丰富的层次感和空间的渐进感；外部空间呈现出来的融合、渗透、动态的空间形态常为校园带来异常生动的空间效果。大学校园建筑内部的出挑空间、檐廊空间（图 3-10）以及构架空间都属于校园建筑与外部空间融合的要素，这类空间使建筑内部空间产生向外的扩张力，而外部空间产生对内的聚合力，使校园建筑的亲和力加强。

现代技术的发展使空间的延伸获得了空前的自由，各种空间互相流通。建筑内外部空间相连时，要有缓冲的空间且形成统一；在知觉上，表现为建筑内部空间与环境外部空间融为一体；在形态上，表现出空间形态的连续性；在行为上，

图3-10 斯坦福大学室内外空间连接

（图片来源：作者拍摄）

表现私密性活动和公共性活动的混合。水平方向上的通透采用玻璃、柱廊、绿化等材料对空间进行水平方向的分割与限定并形成较大范围的视觉通透。同时，为避免天气影响，常用拱廊将外部空间连接起来，使室外空间带有更多室内空间的特征。人的活动在交错关系的连接方式中具有很大的灵活性。当遇到不利天气条件时，原本在非叠合部分的活动可以转移到交错部分，从而使活动本身得以延续。在内含关系的连接方式中，当外部空间完全包含于建筑体量之内时，人的活动受天气变化的影响较小。因此，从校园内外空间的交接中展现场所感时，可与现存环境合成一体或者利用新的激发因素渗透现存环境来营造新的校园环境。

3.4 大学校园典型开放空间设计

场所感是人的情感与所处环境相互作用而产生的一种反应。布朗、伯金斯等认为场所感是人与环境相互作用形成的过程，是对场所有情感联系的行为。公共空间具有场所感应包括的因素和特征有：是能引起强烈情感反应的地方；可显示个人身份或信念的地方;可提供个人可控制的有隐私、宁静感之处;是能稳定个人与社会关系相互作用的地方。

大学校园公共领域指向公众提供进行一定社会活动的场所。校园公共空间体系主要为广大师生服务,尤以学生为活动主体,包括:全校师生共用的开敞空间,主要指校园内重要的广场、绿地空间、水体空间、院落空间、街道空间、廊空间等;交通空间,包括混行道、步行道系统和停车场等以承担交通功能为主的空间等。公共空间体系是校园密集空间的"呼吸地带",且是多种行为活动交织叠加的承载器。只有将多种功能整合,形成功能空间与外部空间的交织、与生态空间的交错及与交往空间的复合等,才能构成丰富的活动内涵,促进校园的体验和认知。而开敞空间通过多种手段以及主次分明的系统将之筹划成为整个校园空间架构的主干,衍生构成其他的空间。只有当它具有空间的黏合力和连接性且有清晰的秩序时,整个架构才可能结合紧密且有序发展。例如,斯坦福大学广场具有地标一样的文化氛围和意义(图 3-11)。校园广场作为空间构成的节点对空间起着支配作用并成为校园文化表现的首选场所,它的形态可反映文化的基本价值取向。广场形态反映了特定空间的几何学关系和空间秩序的组织方式,通过加强交流、设置适宜的尺度和比例,易于步行和生态优先等空间组织手法,使空间形态与所在环境相呼应,从而体现开放性、可识别性及参与性的空间结构特征。

图 3-11　斯坦福大学广场

(图片来源:作者拍摄)

3.4.1 广场空间设计

芦原义信在《街道美学》中指出:“良好的封闭条件易形成‘图’;铺装面直到边界,空间领域明确易构成‘图’;让周围建筑具有某种统一和协调,则 D/H(建筑的距离 D 和高度 H 的比值)有良好的比例。”校园广场是根据人的各层次需求,在环境中创造的,为师生提供良好的校园生活的综合性混合使用场所。其本质特点在于容纳不同生活体验、不同价值体系的交流沟通并让它们彼此共存、互相交融,还在于通过多种不同类型的混合使用而促进活动的发生。广场是由建筑物、构筑物或绿化等围合而成且经过精心规划设计的开放空间。评判广场的要素包括广场的功能、位置、与道路的关系、广场的主体、内涵及与四周建筑物的尺度、相互匹配关系。

保罗·朱克(Paul Zucker)指出:封闭广场的空间是独立的;支配型广场的空间是直接朝向主要建筑的;中心广场的空间是围绕中心形成的;组群广场的空间单元联合构成更大的构图;不定形的广场的空间是不受限的。对卡米洛·西特(Camillo Sitte)来说,围合是作为广场的先决条件,他所区分的两个类别是“纵深类型”和“宽阔类型”。当观察者站在支配整个布局的主要建筑对面的时候,这两种类型就会变得明显。校园广场是“校园的起居室”和公共活动中心,校园需要各种功能的广场,通常包括礼仪性的广场、集会广场以及休闲广场。这些广场的性质常取决于周边与之密切相连的建筑性质。广场景观常代表校园形象,所以应周密地考虑与之相关的各项条件。校园规划长远发展还要考虑分期实施以及时间和空间的关系;注重各组成部分的连接点和转折点的设计、人与自然的和谐;给该地域增加活力和更有内涵的内容,让建筑组团和单体设计具有很大的独立性,可更好地体现自己的特征。

(一) 大学校园广场的可识别性

场所有清晰的实体造型,其形象质量就能使人产生明确印象。一个可识别性强的场所能给人以安全感及增强人们内在体验的深度和强度。可识别性是人性化场所营造过程中应考虑的重要因素。广场是校园风貌、文化内涵和景观特色集中体现的场所。罗伯·克里尔(Rob Krier)在其《城市的空间》中把广场和街道视为城市空间和城市意象的最主要因素,即校园广场主题和个性塑造非常重要。校园广场以浓郁的历史背景为依托,辅之以优雅的人文气氛或特殊的校园活力，使人在闲暇徜徉中获得知识，了解校园的过往。它的场所意义在这时得以充分体现。同时也可依据特定使用功能、场所条件和景观艺术处理来塑造自己的特色。校园广场作为校园空间结构组织的构成元素，由于其特定的构成方式，成为校园空间内部张力的发生器，使整体空间结构得以强化。而其作为一种中介性空间，可使校园各种空间要素得以有机联系。校园广场通过与其他层次的空间要素共同作用，可以形成焦点般的氛围和表征意义，促使人们获得对校园结构特征的总体把握。

(1) 广场的功能与积极的场所。场所是人与自然相结合而成的"和谐"空间单元，一个场所的感觉质量是由它的空间形态与使用者之间的相互作用来决定的。成功的校园广场不但是师生们活动最频繁的空间，还是影响他们生活的积极场所，它应能支持周围建筑物有差异性用途的活动。广场功能可按校园中的位置和规划设计要求而定，也可结合重要的建筑或处于校园的位置，决定它的性质和使用方式及其形态。纪念性广场具有比较端庄、肃静的文化内涵且布局较规整，强调中轴对称，注重学术性和休闲性的结合等；休闲类广场是为师生提供休憩、集会、演出等活动的行为场所。平面布局灵活性强，通过树木、小品等可将广场设计为让人亲近的小尺度空间，形成多个主题，其规模、形态、内容都应符合人的环境行为规律和人体尺度。

(2) 广场的形式与场所氛围。广场周围建筑的边界是决定广场活动的重要因素，因为实体界面的处理直接影响广场的活力。实体空间和虚体空间可相互渗透，如通过两侧可视的咖啡厅、休闲茶座等服务或商业空间吸引师生进入，使其富有生机；还可以适当设置室外休憩空间以鼓励使用，人们在身边环境里就能寻找到丰富的视景和能吸引他们的落脚点；运动的行人交通似乎倾向于出现在空间中心，而闲坐和聊天的人群则倾向于被吸引在空间的边缘而非中间，因此广场的边缘或边界应在适当位置设计休息和观光空间。校园主要的广场空间可采用半封闭、半围合的形式。当两面围合时，另两面敞开向自然，将景观引入校园广场中；当三面围合时，广场在敞开面形成框景，把更远的背景引入广场；封闭式广场如剑桥大学校园中就有多个方院组织成的广场。

(3) 广场的形式与空间重塑。广场具有尺度亲近、开放有致的空间层次，才能营造受师生喜爱的空间场所。设计可动态地划分出不同的场地，使空间之间保持联系且又彼此独立。广场形式对满足活动要求和创造环境空间气氛尤为重要。平面型广场亲切宜人、通达方便，而上升式或下沉式的立体型广场有助于创造多变的结构形式和环境形态。广场与校园的道路平面相接，具有交通组织便捷的特点，例如校园主轴采用长向轴，端部坐落图书馆等重要建筑以强调广场的主导作用。动态广场平面形状通常为不规则形，有时巧妙运用地形高差，设计成有导向性和韵律的梯形台地，使空间向低处的阶梯形铺地广场流动，并结合标志性的构筑物，突出广场的亮点。上升式广场使人产生一种期待感，有时利用地面高差自然形成上升式绿化广场，为校园注入绿色的活力。下沉式广场是局部降低地面高度，可提供安静、安全、围合有致且具有归属感的广场空间，周边可以沿台阶休憩，有空间层次丰富的特点。广场本身的绿化、建筑小品布置及周围建筑景观赋予广场特有的氛围。

（二）校园广场空间的场所塑造

大学校园中的广场作为重要的景观构成因素，以其特有的空间形式融入周围的建筑物，使其成为有机统一体，并组织着相互间的交通联系。开阔的空间可提供充分的视野，有助于提升建筑形象。亲切宜人的广场富有凝聚力，吸引着人们停留、休憩、开展活动。校园总体规划在构思时，广场周围建筑物的使用内容及体型决定了广场的类型和形式。公共广场有着复杂的形状，可包含多个相互交叠或相互渗透的空间。街道将实体与空间连接，一系列空间环绕着公共建筑，它们以建筑物墙面为界面。宽大的广场可沿着预定的轴线展开，再采用外部的参照点、支配要素连接各空间。规划各种功能不同的广场、领域，明确区分以利于创造不同的意境。开敞型广场多位于校园与城市的接合部且有开放性特征，在展示校园形象的同时应融入城市；而内向型广场有着浓郁的文化气息，主要是用于开展学习、活动和课余休息研讨和交流等。

广场设计要考虑材料对其场所氛围的影响。地面是广场各围合面中与人的接触最密切的元素，一般有铺地和草地两种。地面材料的色彩、图案、质感、肌理都会直接影响广场的风格和气氛，广场与周边建筑的关系最终是通过人的行为、感观体现出来的，它表现在功能上的良好互利关系、空间尺度的比例关系、空间渗透关系及色彩对比与呼应关系。两者有机结合使得广场富有生机，彼此相互衬托并形成延续。成功的空间关系是建筑与广场之间的成功对话的前提。

（三）亚空间的设计——场所的可参与性

场所的可参与性是指给人以亲切感受的活泼、灵活的空间，有利于鼓励人们的进入和参与。严肃、疏远感的广场因缺乏对师生们的亲和力,从而抑制了他们参与活动的积极性。从这个角度看,可参与性的多数广场应被分成许多亚空间以鼓励使用;通过改善亚空间元素来创造组织的复杂性且赋予场所以丰富的含义。所以无论何种广场,设计应使其空间大小、尺度与周围建筑的布置、体型、高度相协调,使人有置身其中的亲切感。较大的广场可分隔成多层次的、大小有致的多个空间,使其既适宜多数人交往,也宜于少数人阅读、小憩,将供车流和人流用的空间分隔以免相互交叉干扰。空间的分隔、意境的创造有时会借助于景观设计以及建筑小品的设置(图 3-12)。

图 3-12 斯坦福大学的广场雕塑

(图片来源:作者拍摄)

(四) 广场的场所精神和人文关怀

现代大学校园的广场须满足校园日益丰富的生活,充分展示其自身的魅力特色,形成崭新的校园公共活动空间。场所由实体形态、活动和含义这三个基本部分构成,它们相互独立又密不可分地交织在我们对场所的体验中。由此可见,大学校园广场设计的趋向:

(1) 多样化功能和活动。让广场产生活力,如在广场上留出较大的开阔场地,供庆典、露天表演等;广场是多功能和综合化的组合体,四周建筑之间形成共生和对话的关系,通过一些宜人亲切的小空间设计有机组织到公共活动空间中,吸引师生参与其中,使其富有生气。

(2) 历史文脉的传承。当人们漫步广场时,历史符号的呈现体现了环境的历史内涵和文化特色,校园要获得浓郁的人文氛围和超越时空的连续感,运用历史建筑符号来表现校园历史延续的隐喻手法尤为重要。这些经过加工的符号流露着历史建筑的某些特征,同时又与现代校园生活联系在一起,可引发师生的思考和联想。校园文化是展示艺术价值和审美情趣的窗口,广场的空间总体风格、文化主题以及地面图形、材料选用和相关设施等应体现出当地文化传统和地方特色。

(3) 多层次空间形态。领域性的创造可运用植物、小品及铺地等多种手法,形成富有特色、层次丰富的广场空间环境。当明确的边界消失代之以交融的内外空间时,室外空间成为室内空间的开始和延续。由于利用空间形态的变化将不同水平层面的活动场所串联为整体,这样既提供了相对安静舒适的环境又充分利用空间变化。空间领域化是根据人们的行为需求形成不同大小的空间,由此形成公共、半公共、私密、半私密空间,增强广场的活力。

3.4.2 绿地开放空间设计

绿化是构成自然的不可缺少的因素之一,同时也是城市美的形态的重要因素之一。它是一种柔软且有生命的地面形式,对人们有很大的吸引力,也是一种衬托建筑和景观的良好材料,如著名的清华大学礼堂前的大草坪。1981年克莱尔·库珀·马库斯(Glare Cooper Marcus)对伯克利校园的调查表明,虽然人们会喜欢"步行街或者广场"等人群聚集的公共交往空间,但更多的人认为校园中有更多开放空间和绿地是一件好事。在校园规划中划出一处或几处具有独特自然景物的区域作为绿色开放空间,这种绿色开放空间与校园的建筑景观环境形成对比,也是创造和谐、亲切交往气氛的重要元素。

约翰·奥姆斯比·西蒙兹(John Ormsbee Simonds)说:“理解人类自身,理解特定景观服务对象的多重需求和体验要求,是景观设计的基础。”在校园绿地空间中合理配置植物间的色彩、形态、层次,组织绿地景观。绿地空间形态经过巧妙地组织或加以人工修饰,呈现出富有生机的景观效果。它的生态效应和景观效应体现“与自然融合”的自然品质。例如,多功能空间指大学校园兼具游憩、交往、文化、教育等多种功能,除了师生在此晨读、聊天、锻炼或是沉思等之外,还会吸引周边居民来此健身、散步等。自由空间指自然景观空间的多义模糊性以及自然元素生命力的运动特征,更加赋予个体开放的心态。选择性空间指不同需求者对空间的使用要求不同,他们相互间开放个人的领域空间,形成亲密关系。领域性常以物质空间手段表现出可捍卫领域的行为和心理,如读书者需要安静且雅致的空间等,所以设计要考虑不同人群形成的,不同性质的领域空间。

在校园中心区空间体系中,绿地空间与群构建筑之间的关系值得推敲。当绿地作为建筑配景时,从建筑与绿地的关系看,绿地虽面积上远大于建筑,但建筑仍占有主体地位。绿地空间的设计应与建筑主体构成融洽的整体,注重创造美的意境,为师生提供富有亲和性和实用性的室外环境和空间,构建多形式、多层次的景观,艺术化地展示绿地优美而自然的效果,即充分利用水体、植物、雕塑和人工构筑物塑造景观,或者以设计精良、造型优美的建筑小品点缀其中。绿地还要与校园规划、建筑分布、道路系统规划密切配合协作,考虑绿化空间对街景变化、校园轮廓线“对景”的作用等。例如,荷兰代夫特理工大学(TU Deft)新图书馆基地非常特殊,设计以混凝土为主要材质、外表不修边幅充满粗犷主义味道的礼堂。设计采用景观建筑的处理手法将屋顶处理成一道大缓坡,坡上覆盖着草皮。校园生活需要多种聚合与交往空间,除以建筑物围合的空间外,绿化是重要元素。图书馆主要空间均掩藏在草坡底下,草坡上仅露出显眼的圆锥体,草坡与校园绿意串成一片,人们在草地上享受着阳光的温暖,其他建筑前面也有供休息的大面积草坪(图 3-13)。

在设计中只有均衡分布、比例合理,以不同的形态、密度和组合方式,才能构成多样的空间层次。空间划分可使本来单调的空间分隔成不同空间层面,丰富了空间形态的同时又可满足多种活动要求。空间依托感的形成是通过在大面积绿地中设置高大的树木而实现的。树木使人们心理有依托感、领域感,起到无形

图3-13 荷兰代尔夫特理工大学新图书馆与绿地景观

(图片来源:荷兰代尔夫特理工大学官网)

的聚合作用让人愿意向该空间接近;空间导向作用可通过带状绿化来实现;空间的围合可运用植物围合成相对独立的空间,形成较强的领域感;此外,还可以通过构筑灰空间的方式,如利用攀缘植物形成廊架,创造有文化意味的景观点。

根据大学校园内文化气息浓的特点,校园中应规划建设较宽裕的绿化空间,利用地形、建筑、水体、植物、园林小品等创造出美丽幽雅的自然环境。由于大学师生自由支配的时间较多,因此就可以在宿舍楼周围及多数园林景点周围开辟休息阅读点和小游园。景观设计要力求新颖并以植物造景为主,创造一个环境优美、安静且空气清新的园林空间。在绿化配置中,以乔木为主,配以季相变化丰富的花灌木,也可设置一些花坛、花台及坐凳、园桌等,有条件的地方也可建亭、廊、花架等建筑小品,以营建一个对学生身心有着积极影响、有活力的园林空间。

校园公共绿地的主要功能是让师生享受户外活动场所,包括散步、观赏、游憩、交流以及相关社会文化功能和生态功能。校园绿地系统可分为公共绿地、庭院绿地、防护绿地和道路绿地。公共绿地景观的场所性理论就是以协调人与自然的关系为己任,在校园自然环境可持续的前提下,强调以人为中心的景观设计。设计要遵循生态学原理和园林美学的设计思路,以植物造景为主,适当地点缀园林小品,丰富绿地景观;同时在满足功能要求的条件下,遵循原有地形地貌并适当改造,体现校园环境在时空间上的连续。校园绿地规划须结合当地特点、因地制宜、从实际出发。对自然山水条件好的校园,应适当加大公共绿地面积。校园一般通过道路绿化把大面积公共绿地和组团内的庭院绿地串联起来,形成"点、线、面"相结合的绿地系统,同时应与校园文化有机结合,充分体现校园的文化内涵,自然与人文景观有机交融,挖掘深层的景观文化内涵。此外校内园林应充分考虑方便交通,尤其在园林形式不允许出现很宽的道路时,应尊重人的行为规律且使路线短捷。

3.4.3 水体空间设计

水作为丰富的自然资源和优质的环境素材,在场所设计中有其独特的作用。大学校园的水体可创造有特色的校园环境,营造校园的文化氛围。水是校园设计的重要的元素之一,是与广场、校园街道、建筑物共同创造优美校园的重要组成部分。将水引入校园,充分利用其文化色彩,呼应大学的文化主题,通过有意义的场景设计来实现启迪人们心智的目的。

(一) 大学校园水体与场的创造

大学校园水景包括点状的水景或喷泉,可作为行为活动的中心,常设在广场的中心位置;其他如池塘和河流等也是常见的类型,可作为沉思和消遣的场所 。人工水体可以分为两种,一种是从附近河流或其他水源引水入校园,或者在降雨较多的地区挖池存蓄雨水,这种办法可得到较大的水面;另一种方法是完全人工制造,这种水面不宜过大,以免浪费水资源。如英国巴什大学的大喷泉,是利用人工要素所创造的特色校园水景,水体空间设计创造了宜人的空间环境和特有的校园氛围。水体与绿地休憩空间相结合,使得校园景观别具一格(图 3-14)。

水总给人以灵动的遐想,有水的校园环境常带给人一种灵气,因此校园中应创造不同形式的水体空间为环境增色。大片开阔的水面可结合开放绿地的设计,以产生再现自然的景观效果。水体在校园规划设计中作用尤为重要,在我国南方水资源丰富的校园里甚至可将步行道路系统与河流贯穿整个校园。

图 3-14　英国巴什大学的水体空间设计

（图片来源：巴什大学官网）

（二）水体开放空间的营造研究

水体在校园空间中的多样形式为校园规划提供了丰富的构图可能和环境资源，校园应利用其为环境增色。北大的未名湖、清华的荷塘都是由这类水体构成的校园景观。而在基地本身的现状中，如果有穿越校园基地的河流，设计可充分利用沿河生成带形开敞空间，形成校区特色。水景在校园中具有自然山水的景观情趣和历史文化因素丰富的特点，并具有导向明确、渗透性强的空间特征，是自然生态系统与人工建设系统交融的校园开放空间。利用水体对空间进行限定与划分，让人的行为与视线在较亲和的氛围中形成视觉上的连续性与渗透感。

水环境设计要重视激发人的想象力，增加人获得丰富体验的机会。如设计中采用隐喻象征的地面铺装来限定空间，并可以暗示出“水”的意境。设计水体在某种意义上也就是设计环境，因为水是具有高度可塑性和富于弹性的设计要素，它受到外界要素的影响而不时改变自己的风貌，因此巧妙地利用水的物理特性可使设计产生趣味性 。

建筑滨水而建宜形成连续多变的景观角度。建筑退后水面，留出开放的滨水空间，增强人与自然之间的亲密性和可达性，不同标高的室外平台创造了富有趣味的校园亲水空间；建筑伸入水面空间或直接挑在水面上形成独特的校园景观空间；建筑在水面的投影与大片水体共同形成了校园景观，建筑成为主体而水体起倒映和衬托作用，建筑借水面的特性则更优雅灵动。水体岸线要尽量避免单调的直线化，曲线化的形态则与水的运动相适应，如外凸型的滨水岸，形成放射状的视野，是观景的好场所，同时也是视觉和活动的中心，可以设置小广场和活动平台。内凹型滨水岸的景观视觉联系很强且形象丰富，根据地形条件设计适当的岸线形态，可将沿岸各种动线与驻留空间有机地组织在一起，使人们在运动过程中体验滨水空间的变化。而对平直的岸线，其视野平行于水岸，形态特征不突出，所以可用人工构筑物点缀成视觉焦点。

校园水景是校园活力的象征，借助水元素可以创造出增进交流，激发创造力的场所；对于基地内的自然水资源加以利用，使人在行走过程中陶冶情操。滨水空间场所为学生提供一个亲水、近自然的通道。以水造景，把水景观融入整个校园的大景观之中，充分考虑人的活动需求及环境感受，为师生创造一个安全、舒适和富有情趣的水边环境。同时，滨水空间设计要体现人性化，要善于利用绿化、台阶、铺地、小品、石椅等细节对空间进行有意义的界定，创造多层次的交往空间，以形成具有亲切尺度感与领域归属感的人性化滨水交往环境。

水体设计的目的在于通过以视觉为主的感受，借助于物化的水景环境，在学生内心引发共鸣。对于那些自然条件优厚的校园，可利用水的造景功能，以水为素材，构筑出富有感染力的校园环境。亲水要素规划中水体沿岸空间的设计应满足人们散步、驻足、休憩等亲水行为。沿岸不同形式的场所和设施可提供更多活动，如伸出水面的建筑、亭子、汀步、挑出水面的平台、面向水域的广场、伸入水中的码头和水边林荫道等，都将吸引师生逗留。水体空间周围的界面设计要连续而通畅，包括绿化系统的高低、疏密配置，临水构筑物的合宜尺度和通透性等。校园设计要采用自然材料，尊重水的自然特性，避免人工化痕迹突出，边坡的天然性有助于水体生态系统的循环，可为生物的栖息创造条件。水体要成为具有辐射力和穿透力的节点来组织周围空间，深入研究水作为环境要素组成对塑造建筑空间所起作用以及塑造建筑空间的方法，发掘水空间的隐喻文化。

设计要善于利用水这一元素营造出宁静的治学氛围，以形成各种不同类型的空间层次来提升空间的意境，这对塑造空间的作用不容忽视。它不仅在建筑空间中饰演着重要的串联过渡角色，而且它能通过与其他要素的组合，创造出诗意的场所。在建筑空间中巧妙地利用水体，将建筑与自然巧妙地结合起来，形成一个介于建筑与自然之间的过渡空间；进而使建筑与自然融为一体，满足人们向往大自然的心理，真正达到建筑与自然的共生。由此可见，建筑外部的水流不仅影响建筑的外部形象，当它通过一定的设计同内部空间产生流通时，则可起到贯通室内外空间的作用。利用水要素融合室内外空间是重要的设计手法，在现代建筑日益重视自然和环境的设计时，水是创造空间、融合空间的关键要素。

3.4.4 庭院空间设计

瑞士建筑师马里奥·堪培(Mario Campi)认为中国建筑的主题是“庭院建筑、庭院类型”，庭院保留了中国文化特有的个性。庭院在我国建筑中一直占据着重要位置，建筑群体空间组织常以庭院为单元展开，它是与建筑关系最密切的场所，其四面被建筑物或建筑要素(廊、柱、围墙)等围合，为建筑物内的人们提供活动空间。校园内庭院指有建筑物所围合成的院落，空间比广场要封闭，尺度也较小。大学校园内的单体建筑和建筑组群，其内部的功能空间多以此形式组织。庭院作为建筑群及与外部结合的过渡空间，使用者常是围合庭院建筑内的人员。因此，庭院空间一般远离建筑外部的主要人流，又和建筑物相结合，方便使用者到达其内部，由此使庭院空间形成安静、祥和的氛围，为师生交往创造一个亲切、生动、便捷的空间。在规划中，对密集的教学、实验楼群都可采用以建筑围合成不同院落空间的组织方式，提供师生休息和交往的适宜场所。

由于庭院是建筑内部向外部的过渡，其空间性质属于半公共性，它的作用和特征如下：庭院交往空间形式丰富，作为校园建筑空间环境的重要组成部分，可以缓解建筑内部交往空间的不足。同时，连接建筑内与外，起到了很好的纽带作用。经过庭院空间的过渡，可以轻松地到达驻留交谈和学术讨论的空间，增加校园交流的范围。例如，华南理工大学校园的教学建筑因其围合的庭院和环境设计不同，且庭院性质和功能也不同，使空间各具特色，从而丰富了交往的形式和内容(图3-15)。庭院的空间设计手法多样，它可采用中国古典园林的手法，创

图3-15 华南理工大学院落空间之一

(图片来源：作者拍摄)

造移步换景、错落有致、井然有序的空间形态;也可借鉴欧美传统的校园风格创建柱廊围合式庭院,宽大的草坪,偶尔点缀雕塑或高大树木,使庭院空间别具一番风味。例如,耶鲁大学的内庭院在形态、规模以及文化内涵上独具特色,不同的庭院主题的交往特点也不同(图 3-16)。

图 3-16 耶鲁大学古老内庭院

(图片来源:作者拍摄)

庭院历来都是校园肌理常见的组成部分,它所具有的内向、安静的气质正好与高校的学习气氛相契合。而大学校园庭院空间是公共空间中的组成部分,是建筑与外部环境之间的过渡。庭院创造了人们自然交往和交流的平台,为邻里关系的自然生长提供了场所。因此,院落空间是人本精神的体现。从其与建筑的关系来看,建筑类型和性质对其营造起决定性作用,因而在具体设计时须与特定建筑相联系。校园建筑包括教学楼、图书馆、行政楼、宿舍等,因此形成的庭院各有特点,设计时应区别对待。大学常用三合院或两侧围合的方式形成开放性庭院,内庭院空间的围合度比半开放性质的要大,具有私密和内向的特征,对校园的空间体系起着补充作用,以满足人们在不同环境下私密程度的需要。

庭院景观空间的多元发展是大学校园的重要特征。庭院景观的人性化设计需求,强调了空间营造的核心是满足人的需要。对景观结构、设施等进行选择,需强调环境的宜人性。庭院景观的交往、交流、聚会的属性自然伴有多样化特征，它最终通过庭院的空间围合、空间形态、主题特征、构成元素等要素表现出来；同时，庭院景观空间的生态化趋势主要体现在对景观植物、水体的利用，强调景观元素组合的自然性、共生性、生长性、自我修复性等自然生态习性，强调景观与人之间的交流。

教学区是大学生逗留时间较长的日常教学场所，其外部环境对学生影响较大。这里的庭院是学生课间休息、课后休息、学习、交往的去处，自然、亲切的环境可使学生在紧张学习之余得以放松。由于庭院具有间歇性和时段性，其设计要注重考虑软质元素，尤其是绿化设计；其次，要考虑桌椅设置，吸引学生停留；还可灵活巧妙地布置廊架，为学生提供阴凉和亲切的环境。当庭院位于教学楼主入口时，形成广场型庭院，要避免人流干扰，可通过花池、小品来划分空间，并利用植物等加强围合，或用地面下沉等方式减少干扰。

庭院的生命力在于对传统庭院意境的继承和创新。当代的庭院文化除注重艺术性外，更应以科学与生态为主题，顺应自然环境，实现庭院意境的继承与创新。大学的庭院空间是室内空间的补充，也是它的延伸和扩展，是整个建筑空间的有机组成部分，在建筑空间和自然空间之中起着中介性和过渡性作用。通过合理的组织、周密的设计来满足其不同活动所要求的多种功能，还可采用巧妙的构思、灵活的手法来进行空间和视觉艺术处理，并结合学校特点创造出特定的文化氛围和环境特色的高质量庭院空间。

3.4.5 屋顶空间设计

屋顶与建筑室内外的环境既分隔又连通，既能让使用者欣赏建筑周围的优美景色，又可减少外界干扰，延续了建筑内外环境，增加了空间的渗透性、连续性。平台是创造丰富的校园空间环境的有效手段。它以多种形式存在，如屋顶花园、屋顶球场等；它不仅能美化环境、改善校园气候，还可为建筑物的使用者提供良好的交往场所。当屋顶花园内设置有咖啡屋、绿化、桌椅等公用设施，就成了良好的交往空间。此外，可利用建筑退台作为屋顶花园，也可利用顶层局部凹进作为活动平台，有些是露天的，有些则利用折板、膜结构等遮挡，形成弱化的限定和围护，吸引人在其中活动。由于远离地面，所以空气清新、光照良好且能欣赏建筑周围优美的景色，是师生接近自然、呼吸自然的好场所，用作公共交往空间可改善建筑的整体环境品质。如美国犹他大学的屋顶平台，可以全天接受日照且有桌子、座椅等，形成了舒适的户外交往空间(图 3-17)。

图 3-17　美国犹他大学屋顶平台设计

(图片来源：作者拍摄)

屋顶平台作为建筑的附属，其设计和建造一般巧妙利用主体建筑物的屋顶、平台、阳台、女儿墙和墙面等开辟绿化场地，为人们提供优美的休憩、交流空间。屋顶平台与室内外空间的结合，创造了视野开阔、亲近自然的课外交流场所。另外，屋顶花园和平台若采用逐级退台的形式，不仅可使建筑同周围环境的结合更加自然有机，又可保证视线的连续性，为师生提供多视点的交往空间。

香港大学百周年校园的原址为政府水务署水塘系统的所在地，大学开创性地用挖通隧道将水库引入后山的方式，有效地减少噪声和空气污染并保护山林植被，校园扩建充分利用了屋顶绿化且在屋顶设置风力发电装置以节约能源，增加公共设施、休憩空间并与公众分享，促进了大学与社区的紧密联系(图 3-18)。

3.4.6　街道空间设计

路易斯·康(Louis Isadore Kahn)认为“城市始于作为交流场所的公共开放空间和街道，人际交流是城市的本原”。作为交通流线，校园街道空间提供人们穿越或交往的场所，除满足日常的必要性活动，还须创造宜人的空间布局和环境

图3-18　香港大学屋顶平台设计及风力发电装置

（图片来源：作者拍摄）

气氛，增加空间活力。此外还应运用一系列空间处理的手法，把个别、独立的空间组织成有秩序、有变化、有主题性的空间集群，创造性地引导行进过程中的空间视觉中心，让人产生愉悦的情感。

（一）大学校园街道型空间的组成

校园街道型空间按建筑和景观不同的围合方式可分为三类：院落型、道路型、立体型。院落型是街道常用手法之一，它以空间存在为出发点，通过围合塑造空间，具有灵活的可变性和丰富多样的外在形式；轴线式院落在表达线性关系的同时，使各相对独立的院落空间取得联系，维系了空间整体秩序，构成了街道型空间，给人序列感和均衡感。道路型是运用最广泛的一种街道型空间，道路是校园组织的骨架性元素，对这一线性空间赋予其复合意义，使空间更具有活力和交往功能。立体型是校园规划设计中的交通空间组织，常会依山就势，与自然环境有机融合形成不同空间特色和体验的街道型空间。

（二）街道空间趣味性

在组合上，街道型空间的标志物、环境景观、入口空间、节点空间等的设计都有助于营造气氛。标志物常作为校园街道型空间的对景，它可以是建筑、门楼、雕塑等，它使空间的方向性可识别，也是校园形象构成的重要因素。环境景观设计直接影响街道空间的质量，例如绿化、小品设计起着空间划分和净化空气等作用；绿化起到柔化界面的作用；通过景观的不同组合方式可形成丰富的视景，街道中的景观设计在空间划分时形成视线连通，小品设计还有提示空间的作用。入口是街道型空间的过渡及意象认知的开始，其空间形象有很强的标志性和领域性，同时影响着街道型空间的品质。例如校园广场作为前导空间，可设置水景、雕塑等小品景观作为空间的视觉中心显示其标志性。街道型空间中的道路交汇点、小广场、休息处等都称为街道节点，是引起人们兴奋的符号及对把控空间节奏具有重要作用；室外街道型空间节点常放大成广场，成为师生活动的集中场所；它应有鲜明的特征且公共活动空间可为人们相互交流、景观构成及交通集散等创造条件。例如南京某大学的街道空间节点设计是缓冲、过渡空间，也是活跃街道空间的元素；空间在此发生转换，同时也起到缓解人流的作用，形成特定的交往场所(图 3-19)。

图 3-19 江苏某大学设计方案街道空间连续性与节奏的营造

（图片来源：作者主持设计，自绘）

（三）街道型空间的节奏变化

街道型空间能提供方向感，引导人们通往目的地，获得方向性常凭借其本身的导向和沿街的节点标志和参照物等。方向性使师生在校园中不同地点准确判断自己的位置，且形态不一定是直线型的街道，常是有鲜明特征的、有规律和有序的曲线型街道，能提供更良好的方向感。整体形态良好的街道型空间应能提供丰富的、不断变化的街道景观，满足人的视觉上需要，同时使人的心理产生秩序感和安全感，让师生的心情更加愉悦。连续性是指空间各元素联系起来形成连续的空间组织和秩序感，它被当成一种包含各种节点的线性连续。相比而言，街道作为空间线路上各形象要素的组织者，其连续性可通过街道两侧各元素的空间和形态的延展性设计来实现。

街道的节奏变化增强了空间的层次感，使其充满吸引力，节奏可通过建筑和空间的节点（设计）来实现；打破街道连续的线性空间，可利用节奏变化使街道空间变得开合有序，丰富跌宕；同时街道中的开合变化使长向线性空间不再均质和单调。

（四）街道型空间的兼容复合性

街道型空间是多种使用空间融合在一起共同形成空间复合体。由此它包含的功能由单一走向多元，由简单趋向复杂，即街道空间的设计走向功能复合。英国规划理论家克利夫·芒福汀（J. C. Moughtin）认为：在街区的用地性质上，混合利用更有助于提升城市活力。因此，一个街区同时容纳教育、休闲、购物等多种行为活动方式才可创造出良好的环境。尤其是位于城市中的大学校园，街区功能的混合利用可以满足不同发展、使用的要求，正是城市功能的动态利用，使街区保持活力，正是城市混合使用的实际需要令这一变化自然形成。浓密的林荫道下的散步休息也是师生们喜欢的街道生活体验，此外通过休憩绿地、走廊式绿化地带或广场等，即以点带面，就线成网，构织一个绿色的网络；以自然、学习、娱乐为一体的校园生活，唤起师生的归属感。

校园街道型空间具有城市特性，它兼具娱乐、社交和休息等活动并有通行的功能，由此促进场所各种服务设施的聚集；也正是有了人的具体而生动的活动参与，才能丰富街道内涵。其本质上是单元元素沿着某条线性空间组合构成的布局方式且单位空间连续排列并相互贯通，也可由另一单独的线性空间来联系；适当运用轴线转折的手法使它有良好的地形适应性。街道型空间的排列方式可分为：直线型、曲线型、自由型、组合型等。线型组合能形成多样的变化形式，还有扩展的灵活性也利于空间发展，它明确的方向和主线及其线性空间反映了人的活动，这时道路起着空间轴和控制轴的作用。通过街道型空间交通性与交往性的复合，为空间的资源共享提供了可能，室外街道空间可与校园广场、景观带进行复合，功能组合关系的确定都考虑整体与部分的关系。围合式发展不仅能加强校园空间形态的塑造，而且街区形式既满足交流的需要又能保证私密性。交往对物质空间环境有较高要求，即为人们在空间中活动及参与社会及娱乐性活动创造适宜条件，不同群体及场合对于空间的宽容和要求不一；同一空间能适应不同人在不同时间的活动要求及氛围，吸引更多人参与。

3.4.7 生态空间保护

生物学者爱德华·威尔逊（Edward O. Wilson）提出："在环境日益人工化的情形下，仍可以通过林地、绿带、水系、水库和人工池塘以及湖泊的巧妙布置来使生物多样性保持在较高水平，总体规划不但应考虑经济效益和美，也应考虑生物种类的保护。"校园生态环境保护一般并非保护某一特定物种，而是将校园作为整体对待，以保护生物的多样性、异质性，建立或恢复某些生物群落以及维持其生存环境的稳定性。校园中大面积的自然植被区域赋予很高的生态价值，它既可以保护校园地下蓄水层和相应的地下水系统，又能保持生物多样性，并为大多数需要广阔空间的动物提供栖息地，同时又能保留各种自然因素，让校园亲近自然。美国贝鲁特大学整体规划注重连贯性且巧妙利用地形提升现有景观，校园一直保持着葱郁的植被和绝佳的海景。利用大学的资源增强周边地区的生命力和特性，使学校与其周边自然和人工环境最佳化，并以此提高城市整体生态功能。当前大学的环境已经成为城市区域生态环境的重要组成部分，包括城市绿地子系统、城市内生物多样性保护的重点区域等。以现代生态技术为手段进行规划、建设、管理，人与自然和谐共存的人类聚居地，减少对资源、能源的消耗，减少对环境的破坏，令生态良性循环、经济高效、社会和谐。由德国 GMP 设计的长沙岳麓山大学城方案的主导思想在于创造对比鲜明而又阴阳互补的紧凑都市空间和自由自然景观。湖泊密布于平原，远处山岭依稀，这公园般的大学城自然风景，让全区增色无穷，也给大学城带来更高的学习和生活质量。大学校园规划应注重人与自然的和谐，强调生态可持续观念是当今建筑规划发展的大方向。沈阳建筑大学校园景观大量使用水稻等当地农作物和乡土野生植物为景观的基底，显现场地特色。不但投资少和易于管理，而且形成独特的、高产的校园田园景观。用直线道路连接宿舍、食堂、教室和实验室，形成穿越于稻田和绿地及庭院中的便捷路网。以下将结合具体的案例分析大学校园自然生态空间的设计。

（1）案例一：景观与建筑的融合与创新。南方科技大学的规划设计方案首期以打造精致校区为原则，布局紧凑集中并在尊重自然条件的基础上，保留了现有的地形地貌。在总体规划框架下，选择校园的核心区为建设起点，以会堂、图书馆、行政楼、科研楼围合成校核心区广场，适应山地特征，以多轴线空间组织学校重要的公共建筑，形成校前区特有的学院气氛。空间向校园的自然山体景观开敞，强调田园校区的自然形态；校园建设时保留了八座自然山体，并将多余土方堆积成为第九座山，因山就势，建筑和山体间有一条自大沙河的水系，形成“九山一水”格局。校园中地基回填和路面的防水砖，使用的是旧址拆迁时留下的建筑垃圾。建筑外幕墙的透光孔在保障光的同时，减少阳光对楼体的直射和减少夏天开空调的能耗。从太阳能利用到图书馆的降噪处理，都体现了景观与建筑的融合与创新。

（2）案例二：挖掘景观设计深度。位于新加坡岛西侧的南洋理工大学由丹下健三重新规划了其校园整体配置。这所学校占地约 2 平方千米，大型开放空间为校园核心处保留一处树木繁密的山谷，扮演“绿肺”的角色供应新鲜氧气予师生们与大自然共同生养气息。两块量体的弧线就像张开的双手欢迎人们，双手环抱产生了空间。为弥补因建筑而失去的开放及绿地空间，屋顶设计成如小山丘般的缓坡，师生们可步行走上种植马尼拉草的缓坡，在缓坡上可舒适地感受绿屋顶与周围景观结合而成的惬意。

（3）案例三：校园景观资源的保护。美国耶鲁大学克朗楼的建筑场址利用的是一块废弃的、开发过棕地。设计紧密结合地域气候特征，形成项目个性化的技术路线，通过集成化的工作模式、持续化的效能验证等实现绿色目标。楼体的布局与功能相关联，材料、通风、自然采光、外墙的构造等都经过优化组合，在节能、节地、节水、节材诸环节进行整体考虑，安装了能满足舒适、健康需求的综合型措施。雨水处理则是用一种创新式的、由浮床组成并孕育着持有本土水生植物的水体体系来清除雨水污染物，通过回收和灌溉建筑的园林景观将雨水再利用。

（4）案例四：绿色理念的融入。香港大学百周年校园扩建是在原有基地上的紧凑型校园空间的大胆探索，原地建起由三座主教学楼、研习坊及学术庭园组成的新校区。学术庭院不仅和优美的景观整合在一起，而且有餐厅、咖啡屋等，外部及内部空间设计充分体现了灵活性、可持续性。香港大学百周年扩建中,在地库和平台两层有一条大学街与东面的本部校园连接,加入大量绿化及可持续发展设计元素,包括屋顶绿化及垂直绿化,上部有隔热的顶棚,同时也为学生提供了多种研习空间(图 3-20)。每幢建筑物的空间位置及朝向均经过特别设计,注重节约水资源兼注重室内环境和使用环保建筑材料以充分收集风能和雨水等能源。尊重自然生态为优先,强调营造绿色校园,同时还包括注重能源的节约、资源的再利用、减少和避免污染物的排放等很多方面,该项目获得美国 LEED 绿色建筑铂金级的认证。

图 3-20　香港大学百周年扩建工程大学街绿色设计

(图片来源:作者拍摄)

由以上案例分析可知,一方面对基地中的自然山地、河流湖沼等原有生态环境应采取以保护为主的策略,即保护校园整体的生态环境。古树名木要尽量保留,并可依托其塑造中心共享园区。另一面也要重视人工生态绿化的规划,使人工与自然结合并相得益彰,如在建筑组团间、建筑中庭以及屋顶、平台、廊道等地方形成多层次的景观绿化,使校园建筑与生态环境相互渗透。大学还要依据自身条件,建设生态校园,利用自然生态条件和环境友好技术,在系统管理生态校园的同时,加强生态教育并塑造生态文化。对每个校园主体来说,真正利用那些与他们朝夕相处的校园街道及广场、庭院等外部空间才是关键。校园交往空间的营造是多层次的，其目的是在校园内营造一个立体的、多层次结构的参与性系统空间。对大学校园典型开放空间进行深入分析，如绿地开放空间、庭院、广场、水域等核心要素，探寻场所架设的环境景观和人之间桥梁的作用以及场所应具备丰富的感性内涵。绿色低碳校园是集教学、研究、休闲、交流等为一体的生态和社会环境，其设计应以生态学为基础，实现高效、健康舒适、可持续发展的自然和人工环境复合系统。大学校园注重可持续发展的综合效益，才能向“绿色、低碳、高效、健康”的方向发展。

参考文献

[1] 李国豪. 中国土木建筑百科辞典：建筑[M]. 北京：中国建筑工业出版社，1999.

[2] 卡莫纳，冯江. 城市设计的维度：公共场所—城市空间[M]. 南京：江苏科学技术出版社，2005.

[3] Dober R. P. Campus Design[M]. USA: John Wiley& Sons Inc，1992.

[4] (日)高桥鹰志+EBS组编著. 陶新中译. 环境行为与空间设计[M]. 北京：中国建筑工业出版社，2006.

[5] 齐康. 城市建筑[M]. 南京：东南大学出版社，2001.

[6] 俞孔坚. 追求场所性：景观设计的几个途径及比较研究[J]. 建筑学报，2000(2)：45-48.

[7] 李琳. 历史街区场所感的复兴[D]. 上海：华东师范大学，2009.

[8] 潘峰. 大学校园公共空间人性化设计研究[D]. 武汉：武汉大学，2005.

[9] 沈克宁. 时间·记忆·空间[J]. 时代建筑，2008(6)：24-25.

[10] 庄惟敏. 建筑策划导论[M]. 北京：中国水利水电出版社，2001.

[11] 蒋涤非. 城市形态活力论[M]. 南京：东南大学出版社，2007.

[12] 李雨红，李桂文，薛义. 场所精神与知觉体验：从斯蒂文·霍尔创作的芬兰KIASMA谈起[J]. 华中建筑，2007，25(1)：40-42.

[13] 何人可. 高等学校校园规划设计：历史的回顾与几个问题的研究[J]. 建筑师，1985(24)：94-96.

[14] Stefan Muthesius. The Postwar University: Utopianist Campus and College[M]. New Haven and London: Yale University Press, 2000.

[15] (丹)扬·盖尔(Jan Gehl)著. 欧阳文，徐哲文译. 人性化的城市[M]. 北京:中国建筑工业出版社,2010.
[16] 陈剑. 高校室外公共活动空间的思考与探索:以华中师范大学为例[J]. 华中建筑,2009,27(2):178-181.
[17] 杨小军,梁玲琳,蔡晓霞. 空间·设施·要素:环境设施设计与运用[M]. 2 版. 北京:中国建筑工业出版社,2009.
[18] 王力国,刘文佳,张建涛. 开放空间与功能复合:新型教学空间设计方法探讨[J]. 华中建筑,2010,28(8):38-40.
[19] 陈永生. 高校新区景观环境设计研究[D]. 合肥:合肥工业大学,2006.
[20] (荷)赫曼·赫茨伯格(Herman Hertzberger)著. 刘大馨译. 建筑学教程 2[M]. 天津:天津大学出版社,2003.
[21] (德)盖林多(M. Galindo)著. 贾秀海译. 1000 个美洲建筑[M]. 武汉:华中科技大学出版社,2008.
[22] 何镜堂. 理念·实践·展望:当代大学校园规划与设计[J]. 中国科技论文在线,2010,5(7):489-493.
[23] (丹)扬·盖尔(Jan Gehl)著. 何人可译. 交往与空间[M]. 北京:中国建筑工业出版社,2002.
[24] 赵璐. 高校校园公共活动空间场所精神的研究[D]. 西安:西安建筑科技大学,2007.
[25] (英)彼得·霍华德(Peter Howard),(英)海伦娜·韦伯斯特(Helena Webster)著. 黄美智,蔡淑雯译. 牛津[M]. 上海:百家出版社,2001.
[26] 卞素萍. 国外大学校园绿化景观的塑造及借鉴[J]. 江苏农业科学,2015(2):190-194.
[27] 房辉. 戏剧性外部空间序列解读:以山东科技大学校园设计为例[J]. 建筑,2010(16):72-73.
[28] 刘永德. 建筑空间的形态·结构·涵义·组合[M]. 天津:天津科学技术出版社,1998.
[29] 张艳玲. 建筑·空间·时间·叙事·电影:浅谈建筑与电影中的时空结构及叙事之间的关系[J]. 华中建筑,2010,28(4):1-3.
[30] 宋泽方,周逸湖. 大学校园规划与建筑设计[M]. 北京:中国建筑工业出版社,2006.
[31] 陆邵明,王伯伟. 空间蒙太奇[J]. 世界建筑,2005(7):120-125.
[32] 王雅涵. 大学校园外部空间的叙事性建构:以美国宾夕法尼亚大学校园空间为例[J]. 中外建筑,2008(1):136-140.
[33] 陆邵明. 当代建筑叙事学的本体建构:叙事视野下的空间特征、方法及其对创新教育

的启示[J]. 建筑学报,2010(4):1-7.
[34] 齐康. 城市建筑[M]. 南京:东南大学出版社,2001.
[35] 张中华,张沛,朱菁. 场所理论应用于城市空间设计研究探讨[J]. 现代城市研究,2010,25(4):29-39.
[36] 徐峰. 行为模式下的大学校园广场空间形态设计研究[D]. 重庆:重庆大学,2007.
[37] Zucker Paul. Town Planning in Practice[M]. London: T. Fisher Unwin. ,1909.
[38] Collins G. R. , Collins C. C. Camillo Sitte: The Birth of Modern City Planning[M]. New York: Rizzoli, 1986.
[39] (英)克利夫·芒福汀(J. C. Moughtin)著. 张永刚,陆卫东译. 街道与广场[M]. 北京:中国建筑工业出版社,2004.
[40] 王珂,夏健,杨新海. 城市广场设计[M]. 南京:东南大学出版社,2000.
[41] Christopher A. A Pattern Language[M]. New York: Oxford University, 1977.
[42] 吉立峰. 城市公共绿地景观场所性的设计研究[D]. 无锡:江南大学,2004.
[43] 刘福智. 景园规划与设计[M]. 北京:机械工业出版社,2003.
[44] 吕桂菊. 水在大学校园景观设计中的应用[J]. 科技信息,2009(13):319.
[45] 陈铖,谭俊萍. 水景的设计理论和设计方法[J]. 内蒙古科技与经济,2011(14):64-65.
[46] Pinnell P. L. Yale University[M]. New Jersey: Princeton Architecture Press,1999.
[47] 赵中建. 当代庭院景观空间解读[J]. 文艺争鸣,2011(2):19-21.
[48] 陈天昊. 庭院文化在现代住区景观设计中的新译[J]. 现代园艺,2011(13):122.
[49] 赵晓清. 场所中的复合界面研究[D]. 长沙:湖南大学,2005.
[50] (英)克利夫·芒福汀(J. C. Moughtin)等著. 陈贞,高文艳译. 绿色尺度[M]. 北京:中国建筑工业出版社,2004.
[51] 安纪国际出版有限公司. 佐佐木建筑师事务所:[中英文本][M]. 昆明:云南科技出版社,2004.
[52] Meinhard von Gerkan. 长沙岳麓山大学城[J]. 世界建筑导报,2003,18(S1):36-41.
[53] 马丁·克里格尔,巴巴拉·芒奇,克劳斯·斯蒂芬等. 迈向"零碳"校园:一个聚焦于柏林工业大学的泛欧洲校园联盟[J]. 城市设计,2015(1):8-39.
[54] 黄献明,李涛. 美国大学校园的可持续规划与设计[M]. 北京:中国建筑工业出版社,2017.
[55] 屈利娟. 绿色大学校园能效管理研究与实践[M]. 杭州:浙江大学出版社,2018.
[56] 苏媛. 中日大学校园建筑能耗和节能实践[M]. 北京:中国建筑工业出版社,2019.

第 4 章
大学校园空间解析与表达方法

1983 年，美国学者凯勒(Keller)《大学战略与规划：美国高等教育管理革命》和寇普(Cope)的《机遇来自实力：战略规划案例研究》的出版，从理论上引起了作为大学管理者的高教研究人员对大学规划的重视。从各大校园规划可以看出，校园规划建设受到诸多因素的影响，即当时社会政治经济形态的影响，世界建筑艺术、文化的影响和当时建筑潮流的影响，学校的性质、规模和发展的影响技术和财力的制约等。正如《马丘比丘宪章》中写到："今天，不应当把城市当作一系列的组成部分拼凑在一起，而必须去创造一个综合的、多功能的环境。"由此，大学校园也正向形成一个多功能、高效率、复杂而又统一的整体迈进。

4.1 大学校园空间形态塑造

卡米诺·西特(Camillo Sitte)曾总结过城市设计的一系列原则，即以人的活动和感知为出发点，倡导设计不规则、非轴线、适当尺度的城市空间。西特特别关注城市空间各实体要素之间的整体性与关联性，并且把公共建筑、广场和街道之间的视觉联系作为艺术原则的核心。林奇指出空间秩序是一个被人们逐渐把握，产生更深刻、更丰富联想的模式。基于此，我国现有大学校园空间布局方式正由封闭型、分散式逐渐向开放式、综合化方向演变，校园建筑也由单一功能向多功能融合教学体转化，校园再次走向聚合。如麻省理工学院的规划是通过对开放空间、公共空间的体系化再编，形成一个灵活互动的空间网络，在允许局部自律变化的同时，保持着空间的整体性和持续性；而当开放空间以多种形式结合在一起时，灵活性、持续性和多元性是再开发后校园应该具备的基本特性(图 4-1)。

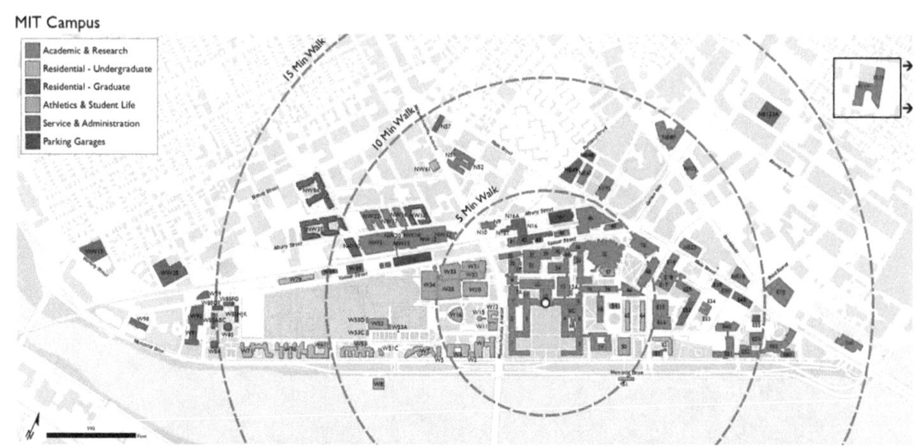

图 4-1　麻省理工学院总平面

(图片来源:作者翻拍自校园地图)

4.1.1　空间形态特征

高效紧凑的大学校园外部空间和建筑内部空间体现了集约性,也为不同专业、学科的师生提供更多的交往机会,以利于信息的沟通、思想的交流。教学设施相对集中布置有利于不同系科的交往,并通过高效率组合、节地的方式,争取更多的交往时间和场所。校园空间环境设计也应把教学研究活动与社会活动有机组合为高度组织化的综合体,从社会学、心理学、文化生态学等角度出发,使大学校园规划设计与现代文明适应,并散发出新的活力,运用系统的、互动的、联系的观点分析校园建设中的各影响因素,从理论和实践上丰富和拓展大学校园规划设计的内容。

(一) 紧凑型的组群模式

紧凑型的组群模式体现在以下方面:(1)有机结合的组团。各学科群的集聚反映在空间组织上,如果以学院形成组团这一基本单位的集合,且以细胞生长的方式有机结合,具有高度的灵活性和协调性,充分适应大学发展特有的不确定性,可根据未来的变化和要求调整和生长。(2)校园核心区的集中。以图书信息中心、教学楼、实验楼、活动中心等为主体,结合部分教学服务设施,形成知识辐射中心,有利于资源的共享、不同学科之间的交流与综合,以及校园形象塑造。如南京某大学综合实验楼设计方案采用紧凑型的组群模式,让相同或相近属性

图 4-2　南京某大学综合实验楼设计方案

(图片来源:作者主持设计项目的自绘图)

的建筑适度聚集而形成组团格局(图 4-2),提供了更多的服务内容和对象,使环境产生巨大的聚合力。大学有时因用地紧张将功能各异的单元聚集一体,如综合功能包括教学、行政管理、科研和服务设施等,均在功能方面体现出复杂性。功能单元根据划分层次具有不同的内涵,其空间构成方式一般有连接、分离、复合、聚集等,在实际操作过程中综合运用它们,将其转化为灵活的设计模式,并随着具体的规模层次、设计对象、功能要求和环境特征的不同而表现出丰富的空间形态。组群集合体是通过对传统建筑类型和功能单元的叠合重组,实现多种功能交叉而存在的空间环境系统。其内部的多种功能间相互协调平衡、相互激发使得建筑更加能动地发挥其职能和功效,产生更大的综合价值。大学城模式则是更深层次的聚合模式,例如德国波鸿大学将高校资源进行整合,形成更高度组织化的组群综合体,构建成空间网络体系和服务系统(图 4-3)。

传统校园规划倾向于在用地范围内均匀布置各功能,从而形成的结构体系较平均。大学城模式可以提高部分区域的容积率,使空间张弛有序。组团结构可通过功能的有机划分来满足校园持续发展的要求,不同组团之间用景观、绿地或公共空间加以分隔,将一定的校园功能集约成群布置。各组成部分成为配备

图4-3 德国波鸿大学平面图(局部)

(图片来源:德国波鸿大学官网)

完整的教学、科研、生活和服务设施的复合多功能分区,例如建筑以组团形式集中布局,由建筑围合成不同大小和各具特色的庭院,让室外空间大小变化有致并相互渗透,结合校园自然风貌,形成丰富的景观效果,构建知识、信息交流的场所。紧凑的设计方式有助于增强联系的便利性和营造具有人性化尺度的空间。

(二)动态规划灵活生长的模式

动态规划灵活的生长模式是基于结合校园空间设计的现状而提出的富有弹性的规划机制,建筑群体的网络化构成了既灵活又便于发展的规划体系,在校园总体规划中有效地利用这些可生长的单元,便于在今后有机地调节。建筑群体网络化布局构成既有灵活性又便于发展的规划体系且利于今后的拓展。近期的建筑群体按动态规划设计相对地集中布置,有利于节省用地以及对原有建筑进行调节。这使发展部分能与原有的系统衔接,形成有机的整体和清晰明确的生长脉络,也使分期发展的每个阶段都能形成相对完整的空间层次。此外,在扩建的过程中要避免对已建区的干扰,校园内尽量创造多功能的复合空间,更好地促进多样交往和校园文化氛围形成。

这一校园空间形态的特征是独立成长,自由拼接,组成校园的模块是指相对独立的各教学生活单元、科研实验单元、体育运动单元、休闲娱乐单元等。因构建了兼具灵活性和完整性的空间系统,这些模块可实现独立生长,即每一独立单元的建设和改造都不会影响其他单元和校园整体环境。如汕头大学校园各建筑除因地形或内部特殊功能外均采用方形平面和底层架空，方形单元互相连接，建筑群各部分既功能分区明确又联系便捷。它们与校园主干道呈 45 度角布置并逐渐展开，随着视点的移动和视觉景观不断地变换，总平面具有强烈的要素统一感（图 4-4）。随着新型基础设施及 5G 智慧校园建设加快落实，都需要校园发展富有弹性且考虑将来可能性的扩展方式。

图 4-4 汕头大学总平面航拍

（图片来源：汕头大学官网）

校园自营建开始就有了自组织和新陈代谢的过程并一直存在延续性改造的现象，包括对空间进行功能置换、结构重组等，以适应不同时期空间主体不断发展的行为心理需求。弹性空间的设计原则是要在校园建设中尽量避免生硬地划分校园的可用空间，在规划和设计过程中为校园空间和建筑的多样性、可变性、生长性考虑而预设空间，如采取分期建设等。例如美国伊利诺伊理工大学的规划实现了自调性。在有限的规划范围内，建筑单体可随未来的需要而灵活变动和生长，使校园在发展过程中保持着自身的特色和活力，校园建筑风格在发展中保持着延续。科技发展加快了学校本身在组织结构、基础设施、空间发展等方面新陈代谢的速度，因此校园建筑单体和总体规划都要有灵活性，以创造出多种空间层次的校园空间环境。模块化单元的扩展显现了结构主义规划思想中的网络形态，使方案设计具有单元性、层次性的形式特征。如日本琦玉县立大学的教室和实验室形成了一个巨大的网络，将校园主要功能空间集中布置在两侧，而中部采用的自由网格体系创造了独特的交往空间，校园环境既统一又富于变化。沈阳建筑大学新校区的教学区设计采用模块化形式，建筑单元生长重复；中部围合而成的矩形公共活动空间，建筑密度较高；"集中"有利于共享优势资源、共谋技术创新、学科间的交叉融合及师生交流（图 4-5）。

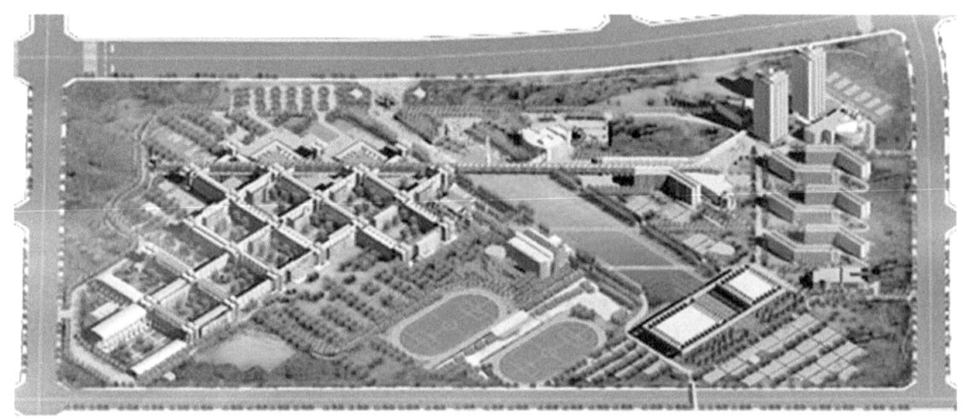

图 4-5 沈阳建筑大学鸟瞰图

（图片来源：沈阳建筑大学官网）

（三）多功能混合体模式

多功能混合体模式有利于各种教学设施的高效能利用，使教学设施、用房能统筹安排，减少重复投资，节约资源；还可节约大量的室外管网设置，有利于不同院系的师生进行交流，打破学术交流在学科上的局限，加强系、部和学科之间的联系，形成有机整体，提高校园的环境质量；还可根据对空间及设施的不同要求进行组合，如组合实验与实训类、图书阅览与科学研究类、体育场馆与会议中心类、教学与休闲服务类、宿舍与餐饮及娱乐类、行政办公类与会议交流中心。当前国内很多大学向多功能的综合体方向发展，教学科研区中设置食堂、餐饮、超市等服务设施，方便师生休闲和交流。国外有些大学将教学楼和宿舍相结合组成学院组团，形成高效、便捷的整合式教学科研和生活环境。

高度重组的新型学科、边缘学科和交叉学科以及学科的整合和跨学科研究的逐步开展，给各学科领域的交流提供了机会，对空间网络和服务系统以及对物质环境提出了更高要求。大学通过这种模式促进教学科研工作的提升，提高人才的适应性，这种高度组织的空间形态反映了现代校园规划与建筑发展趋势。

多功能混合体模式是依靠内部各功能的协调平衡、相互激发，使其更好地发挥功能效应与经济效益，各功能一般都具有连续性与相关性的特点，因克服了单一功能的局限性且在相互依存的基础上，创造了更优越的整体功能，同时系统内整体与局部组成有机体，使彼此之间得以优化，则空间更丰富、功能更合理、布局更优。校园开放空间的多层次性、复合性满足了使用者多种交往特点，为校园活动场所提供多种选择。因此从校园功能空间、结构组织、景观设计等共同着手，可为校园整体空间构建和可持续发展提供契机。

混合功能分区适用于较大规模的校园规划与设计，大学校园在微观尺度上的灵活性为其创造了条件，传统校园分区结构关系变得模糊。其实质是将整个校园视为系统而不是若干独立的单位组成的机构。不同功能模块可按一定的原则或要求放置在系统中。其重点是将原来分属不同功能分区的模块按要求进行不同程度的叠合，如教学区与生活区的复合，通过在同一区域内并置这两种功能，并使其保持紧密联系。当今大学诸多的公共教学组团是体量庞大的群体建筑，结合人性化的景观设计，是典型的功能高效复合化的实例，体现了校园规划的"复杂性"设计特征。

（四）绿色低碳的设计模式

可持续的生态环境是大学校园建设所追求的目标，英国著名景观规划师伊恩·麦克哈格(Ian Lennox McHarg)就提出了"设计结合自然"的景观规划理论并进行了大量的设计实践，而运用这种尊重自然过程、依从自然过程的理念和方法在我国在的城市化进程中，对避免漠视城市的生态要素及肆意地建设等的发生有着重要意义，而作为城市组成部分的大学校园同样应以这一理论作为指导。大学校园空间各功能区的有机发展和创新在很大程度上依赖结构与功能的完整性和可持续性，它应是一个满足师生生活和学习交流需要的适宜生态系统。从大学校园生态空间规划的角度出发，则需要建立以自然生态景观为中心的，整体化校园意象。南方科技大学校园规划采用先进的生态理念及技术营造绿色低碳的校园。通过湿地公园的设计对雨水进行收集，并利用中水系统的水供应降低校园用水成本；通过景观水体的设计，即植物修复功能来净化雨水；雨水径流通过建筑屋顶和场地收集，流经景观水体并经过植物净化后收集到地下蓄水池，雨水从这里通过水泵与水体进行再循环并满足建筑的冲厕及景观灌溉的需要；节省可饮用水，并有助于改善水质，减少雨水排入城市下水系统以及城市废水处理的负荷(图 4-6)。

图 4-6　南方科技大学生态环境的保护

(图片来源:作者拍摄)

校园空间中的生态设计要将校园空间的发展置于生态系统的良性循环中去,综合地考虑决策、设计、施工、管理等全过程。保护校园生态环境,让其充满生机与活力,尊重原有环境的地形地貌,结构布局顺应自然地势高差等,达到节能效果,形成特色生态化景观环境,体现"人与自然和谐共存"的理念。与环境和谐共处的生态校园强调对未来的考虑,即采用科学的设计方法尽可能减少建筑物的能源消耗和尽可能实现废弃物的回收利用。在规划上要考虑校园长远发展需求,交通组织及功能分区要考虑将来扩建的可延续性。

大学校园建筑和规划设计要充分结合利用现代技术和设计方法,探索校园低碳建筑的实施和建设和绿化环保策略,打造低碳校园。低碳校园建设是一个系统工程,需要建立教学、科研、实践“三位一体”共同工作的理念与机制,开展大学校园教师、学生“全校总动员”式的低碳践行活动。

4.1.2 空间的联系及复合

大学校园的空间联系意义不仅在于通过它可以在内部组织各单位空间,还在于它可以把功能和形式不同的空间组织成整体。大学校园中介空间是校园总体结构的重要环节,包括建筑、道路等物质要素,包括人群集聚与活动的空间要素,也包括小品、绿化等环境要素,同时还包括标识、符号等场所要素。

校园空间的联系主要内容包括:交通联系是建筑与道路之间的中介区域,具有缓冲、过渡与流线转换的作用,可将人、车有组织、有控制地汇入校园道路交通系统。环境联系要避免校园机动车对环境的破坏,通过合理的植被绿化,使中介空间成为绿色过渡带,减少噪声、废气等因素的影响,以改善校园生态环境。建筑联系指新建筑之间对话应尊重现实,即通过校园中介空间使建筑个体形成有机整体,从而成为优化环境的重要因素。新旧建筑的对话应尊重历史,即新老建筑的空间和形体需要相互融合、协调一致。空间联系的形态多样,包括建筑底层架空空间、室外连廊空间、屋顶平台、入口空间等;室内外活动在此得以连贯和继续,在空间延续、渗透和开放的基础上,引入环境和公共活动,可促进大学生交往。

大学校园联系空间与建筑内外部空间环境密切相关,有过渡空间的性质。此区域兼有室内外空间的特点,自身具有一定的开敞性和隐蔽性,例如大学建筑入口及门廊的联系空间为空间组织带来独特心理感受和校园活力的同时,又能为师生遮风避雨,起到重要的作用。在诸多校园设计中已不再单纯采用上述的某种形式,而是同时运用多向的复合性来表现重叠性、多样性;通过自身空间、环境及内涵的吸引力为校园提供积极的公共活动空间。复合化原则出自人的需要而又鼓励界面形态的创新,现存的空间环境需要不断以新界面形象来加以充实,而新界面并不意味着无条件地、消极地服从原有的环境,更重要的是它要以优美的新形式积极地开拓新的空间环境,并充实以新的活力。复合化所强调是在寻求一种可以引导空间环境发展的基本秩序,使大学校园空间在以后会有多样化的发展。显然,这种秩序的创造源于人的需要这一基本出发点,校园是高素质人才聚居的场所,在组织中介空间的方式、构成要素、形式等方面都会不同;同时,大学生的需要处于变化和发展之中,因此设计者须创造有丰富内容、形式的组合界面,让人们不断获得新的感受和多种选择的可能性。

空间的复合化设计要反映出大学校园建筑外部空间环境与人的有机联系,所以根据人们在空间中需要的空间模式和活动内容综合布置,将各种类型的大空间分为特征鲜明的小空间,形成内与外,动与静等多元活动空间序列,既有综合性的集中空间,又有适合小集体和个人的分散空间。依靠空间限定手段,通过多彩的空间层次形成多元趣味空间。例如伯纳德·屈米(Bernard Tschumi)设计的法国建筑学校位于巴黎市郊,在两部分复合建筑里,由于四周功能的密集分布而充满活力,所有活动被组织围绕着大厅而进行,包括典礼、集会、舞会、放映、前卫艺术展览等,形成了生动的复合化空间。复合化界面的形态内容和组合限定空间方式多样,不同形态产生的视觉和心理效应各异,大学校园建筑外部空间的连接模式要避免空间之间相互干扰且增加空间信息量,适应多层次、多级性的特点。建筑界面可采用开放性、兼容性的设计手法;中庭、交通空间等公共性应被重视。空间复合化是大学校园设计的重要特征。

4.2 大学校园空间类型和肌理分析

广义上说,人的存在和使用空间均可称为场所,场所是某种行为事件发生的具体环境。空间、行为、意义、时间是场所的四个要素。建筑空间是许多场所共存的系统,不同场所以一种内在的结构结合起来形成建筑空间。空间类型可根据其特点分类,但每个场所有独特性,体现出其周围环境的性质或氛围。这种特性既包括物质要素,也包括更多无形的文化交融,某种经过人们长期使用而获得的印记。

4.2.1 空间类型分析

类型学理论是对城市建设单调贫乏、城市历史文脉的割裂、场所精神的缺失和城市肌理的破坏等问题提出质疑而产生对新建建筑的历史性与场所精神创造提供启示性意义。运用类型学的方法建立校园规划设计的整体思路,有利于塑造大学精神和场所精神的文化特质。对类型学的定义颇多,选择简单的途径,在工作中把类型学当作一种实践方法来利用，从历史中学习，并将之转化为现代的元素。运用类型学是研究建筑与校园空间协调的模式在不同的时代条件下的反复使用。特定的建筑平面形式可能适用于多样的用途。即便是对城市的粗略分析也能揭示，一些稳定的建筑形式和城市空间模式在不同区位、环境和时间实现自己的价值。

(一) 不同空间类型的提取

类型可以用一个图形来表达，而这个图形是经过提炼的，它所表现的是个整体，包含一个共同的基本形式以及衍生出来的各种变化。类型本身隐藏着无限的形式变化，也包括自身做进一步结构修正的可能。它不和特定的距离、角度及面积发生关系，而是以亲近、分离、连接、封闭和连续性等关系为基础，即类型不是空间形状的类型，而是空间组织的类型。类型有不同的级别，一种类型既可以向下继续细分，也可以与同级的类型向上合并，操作的依据是研究尺度的不同。过于抽象、笼统的类型达不到辨析建筑形态的目的，而过于具体、繁杂的类型也无法抓住建筑形态的本质特征。

(二) 大学校园空间结构关系的整合

G. C. 阿尔甘(Giulio Carlo Argan)对“类型”的注解，即类型是“从一系列的建筑形态中抽离出来，由它们在结构上的共同特征构架而成。在比较、组织个别不同的建筑形式，决定类型的过程中，不考虑个别建筑的构成特色，留下来的是一系列建筑共同拥有的组成元素”。因此，这种研究将暂时抛开建筑形态的历史源流和谱系关系，也不考虑它们过去和现在的地理分布等，完全根据建筑的构成模式和结构格局上的共性进行分类，运用类型学的方法把具有相似结构特征形式还原以及形式归类运用到对校园开放空间的设计中。

大学校园规划可根据对传统校园空间类型的分析后，重复这些类型进行运用和组合，类型学的运用是个灵活创新的过程，将其归纳分类的空间类型转换为新的形式，并应用于校园设计。例如，大学校园空间类型中常见的点状空间、线状空间、面状空间的运用，是通过形式的多样化转换，创造生动的场景(表 4-1)。校园空间的多样性和复杂性使得空间应用不能是过于拘泥形式的模仿，因此要在把握校园文化精神内涵的前提下，在规划设计过程中灵活运用空间类型；尊重校园自身特色，不同类别的校园类型对应的校园空间，通过运用空间类型加强不同区域文化特色的传递表达，保证校园空间的辨识度和多样性以及空间的整合创新，设计可以重复这些类型进行灵活运用和组合创新，将原有归纳的空间类型转换成新的。此外，因校园地理位置与历史文化的不同，还要通过分析当地校园文化与地域特色创造新的类型空间组织。

表 4-1　大学校园空间类型分析

点状空间 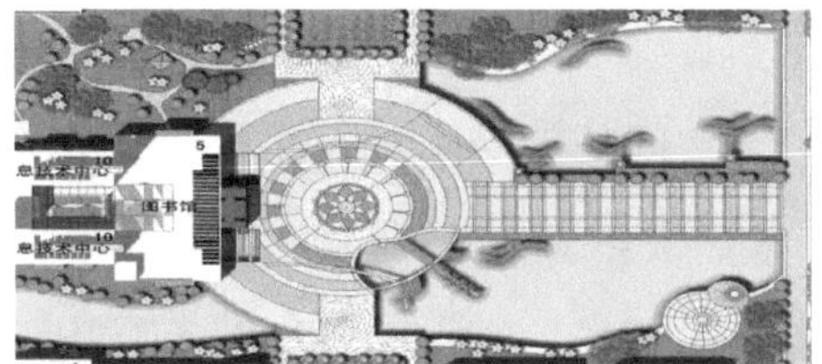	点状空间如集散广场，是公共空间向私密空间过渡的缓冲空间，建筑中的人可以在此进行学习、交流等活动。校园文化广场要营造人们活动与交往的场所空间，就需要与单元建筑、道路、环境协调统一。图中的广场节点位于校园中心，它承载了较多的功能，诸如集会、表演、交流等，在交通组织中也起着重要作用，因正对主入口，其空间形态显得至关重要。
线状空间 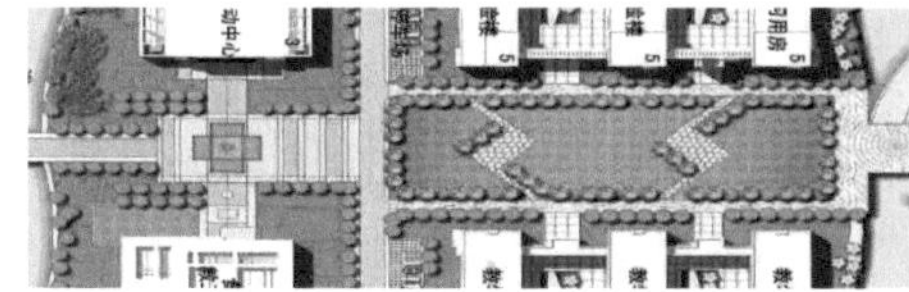	线状空间如街道类型，指街在两列相邻建筑之间闭合的三维空间，根据这些原型中校园开放空间自身的特点，包括礼仪型步道和院系与生活型步道。图中步道介于教学楼之间并且与中心广场相连，所以彰显了其礼仪性和交往的功能。而生活型的步道在宿舍区设计中最常见。
面状空间 	面状空间如滨河与湖面，是校园开放空间的中心和使用频率最高的。它串联起校园的开放空间。建筑肌理与其形态密切相关。建筑和外部空间之间为人提供活动的空间，由绿地、建筑、驳岸等形成的空间界面构成。图中的水域为校园空间组织的重要因素，建筑群体依水而居，使人的活动与水面取得了联系，以创造生动的场景。

以类型学的思想具体指导规划设计，提取和辨别校园开放空间类型并总结已有类型，探寻其固有形式并找出固定要素，类型经提取完成后再对原型进行类型转换研究，从整体入手，对建筑和开放空间类型进行组合，采用加减法整合空

间结构，还原和组合可能存在的空间类型，提升场所内涵、重现历史文脉等。大学在尊重校园传统的同时，不仅要延续校园的精神特质，使得不同类型的空间聚合且具有强烈的可识别性；而原有的空间形式经过创新整合后又形成自身特色，从其特有类型的变化要素中寻找出固定要素。据此简化还原后的传统校园空间的结构图式，使校园与历史、文化、环境和场所有了联系，令校园成功塑造各类可供交往的空间形式。空间中的实体是值得记忆的要素，它们可以强化中心并赋予空间活力，但这些要素中最具活力的还是使用空间并赋予空间生命的人。

（三）大学校园空间图底关系分析

人们能区别两种不同的空间定义。一是空间的限定元素通过设定边界、限制、包围、环绕、容纳，使其可以被感知。空间外围或空间边界被创造出来，空间限定的感觉通过空间边界所带来的围合尺度来实现。二是空间界定元素，让人们感受到空间的存在。建筑与环境的图底关系作为辨别教学建筑空间组织类型的重要指标有以下特征：建筑与庭院、街道和广场等虚空间所占的比重适宜；建筑与空间分布均置并相互连接；建筑与空间获得互相翻转的关系；空间尺度宜人且空间界面封闭性好。建筑是连续且封闭的实体，如果空间能转换成建筑，则空间具有连续和封闭性，学院式的方庭在牛津、剑桥、耶鲁、哈佛和许多大学校园中是常见的形式。这类庭院无论有无回廊都会由大体量建筑被塑造出来或由独立建筑之间的空间创造出来，即类型是概括了一个对象的综合形式和特征，可被不同设计师进行诠释；类型是关于标准的，但更像庭院与广场的关系，它是将历史形式和特定的当代环境融合起来；类型学允许城市形态和建筑从传统本身收集正确性和有效性。

针对大学校园在设计时面临的诸多问题，如场所精神的缺失、过于追求夸张、非人性化的尺度来展示学校形象、空间结构联系性以及建筑间联系不强、校园外部空间的认知与方向性较差等。在校园规划中常通过控制图底关系来驾驭空间的整体性与秩序性，其目标旨在建立一种不同尺度大小且彼此有序的空间等级层次，并在此基础上理清校园的空间结构关系。校园建筑设计只有建立在与周边协调的基础上，才易形成完整的空间围合感和强烈的场所感。

新理性主义类型学认为文化传统和心理经验的积淀形成原型，即各种现代建筑类型的原型，把集中记忆转化为共时性的方法在于把类型加入建筑，使之成为历时性和共时性的共同产物，城市的历史积淀可以融入建筑中。大学校园存在于城市、社会网络之中，如果要保持其特点和独立性就应有自己的“永恒特性”，每个留下集体记忆的事物事件都是对自身“永恒特性”的加强。柯林·罗(Colin Rowe)和费瑞德·科特(Fred Koetter)在《拼贴城市》中，他们将现代主义城市的空间问题解释为“实体”和“肌理”的相互分离，这种实体是自由独立于空间中的雕塑式建筑，而肌理则是其背景，是建筑形式得以持续发展的空间基质，它通过街道、墙体及广场确定空间的界面。而实体与空间可用图底关系来分析。传统校园有力而连续的空间基质或肌理为互惠的环境与特殊空间提供活力。

以南京晓庄师范学院设计方案为例，丰富的类型演绎了多种不同空间感受的形态。图4-7中的类型A采用两个院落组群的半咬合模式，类型B采用两个院落错开并围绕小广场布局的模式，类型C采用三个院落组群围合中心绿地的布局模式，类型D采用院落围合成庭院并向绿地空间开敞的模式。在基于类型学的校园空间肌理的保护和更新中，利用原型修补、功能导向、关联拓展、整合创新等原则并且保持一定的密度，保留院落形态的原则下进行重组和更新的要求。以类型学为切入点进行分析研究，通过对校园的尺度、变化强度等方面的控制来保持校园街区在整体形态上和传统的延续；通过对结构类型的提取，结合实际选择和运用变体，保持校园的结构组织，以便和环境取得有机协调。从肌理入手的校园保护方法强调从整体上对校园空间进行保护和控制。南京晓庄师范学院设计还通过院落广场空间的组织，创造出更多的灰空间与中介场所，使学习的时间、空间摆脱相对固定性，为学习提供更多的场所。在视觉景观上通过各组建筑的交错，丰富了视觉层次和通达度。环境设计以人工为主，加入人工绿化生态环境，如中庭绿化、屋顶绿化、平台绿化、廊道绿化等，满足教学、办公的采光通风。寻找出建筑环境中变化缓慢或基本稳定的特征，由此确定主要校园人工环境（建筑物、街道、广场等）在类型学上的归属，通过表明这些人工环境的构成关系来研究校园类型和构成的形式问题。

类型A

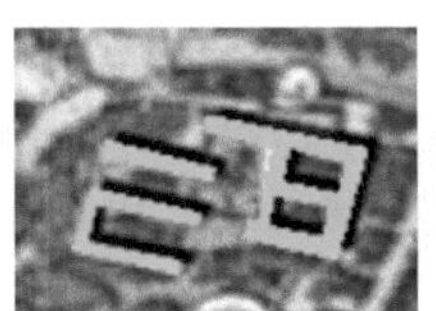
类型B

类型C

类型D

图4-7 南京晓庄师范学院院落空间的类型

（图片来源：作者自绘）

4.2.2 空间肌理分析

城市肌理是城市构成要素在空间上的结合形式，反映了构成城市空间要素之间的联系及变化，是表达城市空间特征的一种方式。从校园的角度看，肌理反映了校园空间平面形式构成上的虚实图底关系，而多层次空间秩序的建立则是从三维立体的空间关系上，塑造空间形态的整体感。校园在发展过程中会形成其自身的结构和特点，这是校园历史与传统所留下的记忆，作为校园的公共空间承载了多色彩、多层次的公共生活。现代校园空间与传统校园的明显差异诸如空间需求的扩张、环境质量的提高、人口的增加、交通方式的改变等，都影响着校园的传统肌理。因此，要使人文精神重新回归，校园的空间形态是历史的、是动态演进的，只有继承校园的历史与传统和地方特色，公共空间才会拥有持续生长的动力。

（一）空间肌理的延展与衔接

肌理的基本特征引申到校园形态的语境，是校园的各种组成要素在空间上的结合所呈现出的宏观表面组织构造。肌理作为大学校园基地环境的选择从很大程度上影响着校园空间，所以要让校园各功能区的空间形态融入校园的整体空间、自然周边环境，形成具有连续性的整体空间，寻找和发现周边空间肌理的轴线关系，通过对已有轴线的接引和延续塑造空间肌理的整体性。校园肌理可由具体的物化指标和特征去描述；同时整合物质、文化、历史等各方面的要素，凝聚、呈现为自身的抽象形态而被人所感知、解读和记忆。例如，大学校园规划要注重历史建筑的保护。北京大学致福轩、东南大学大礼堂、南京大学北大楼较好地延续了校园肌理，多年后仍是大学的标志性建筑或是重要的空间景观节点（表 4-2）。校园空间轴线可以实或虚，它具有方位、方向和目标性，是校园各功能区空间肌理中有组织、有序的空间建构方式，同时它具有整合作用，能在无序中求得控制的手段。美国斯坦福大学通过校园改进计划将必要设施与长期景观合成成整体。在校园中央恢复了校园传统轴线开放空间布局以及形式景观空间之间的并置，强调平行于校园中轴线，建筑群空间肌理利用轴线对应的关系与校园肌理统一。

表 4-2 大学校园规划对历史性建筑的保护

	北京大学致福轩 致福轩是朗润园的主要建筑群，是典型的皇家四合院风格。新建筑采用钢筋混凝土结构，外表却是清代王府风格。中心由六个院落构成，形成了以致福轩为主体的南北轴线和以万众楼为主体的东西轴线。致福轩北接一进院落，既是南北轴线的北端，也是东西轴线的西端。东西轴线上三进院落的最东一进就是主体建筑万众楼。万众楼是北大经济研究中心最宏伟的建筑，也是朗润园的景观中心。
	东南大学大礼堂 这座矗立在校园中心的大礼堂，其雄伟庄严和别具一格的造型成为校园的标志性建筑之一。建筑各部分如基座、脚线、柱式、穹顶和整体比例出色。大礼堂的屋顶为八角形的钢结构穹窿顶，径跨为 34 米，跨度达到 20 世纪 30 年代中国之最，中间没有一根支柱支撑，是 20 世纪 30 年代中国建筑界中技术最复杂的建筑之一。
	南京大学北大楼 南京大学北大楼即原金陵大学钟楼，在校园中轴线的最北端，是校园的标志性建筑，由美国建筑师司迈尔设计，建筑风格体现了近代西方建筑风格对中国的影响，又保持了中国传统的建筑特色。大楼中部建有一座五层高的正方形塔楼，将整座建筑分成对称的东西两半；塔楼顶部是十字形脊顶，实际上为西洋式钟楼的变体；楼体则由明代城墙砖砌筑而成。

(二) 空间肌理的特征

(1) 整体风格和细部设计。校园以整体形式存在,它有序组织并相互作用且形成有机和充满活力的组织系统。同时,建筑群体通过功能与形体上相互联系的脉络结构,使建筑群变得有机统一。公共空间在界面和节点上要结合传统的空间设计手法,营造出整体风格和多样的层次,在尺度和细部处理上统一而又富有变化。大学校园空间要以其适宜的尺度、多样的界面、多种空间形成承载了丰富的校园生活,它既是公共活动的场所,也是社区间联络的重要场所。强调校园内自由、开放的学术气氛,关键在于更充分细致地对空间的层次性进行刻画,划分出层次丰富的交往空间。

(2) 网络结构和肌理延续。现代校园设计中要以人性化的尺度使空间的联系变得有归属感,将校园、社区与师生的活动有机地联合成稳定的网络结构。传统校园是校园文化沉淀、延续、演变、更新的承载者,对其旧有空间肌理、传统风格进行保护,是保护校园历史物质空间和延续校园文化氛围的需要。校园肌理是校园构成要素在空间上的结合形式,是表达校园空间特征的一种方式。空间肌理的保护本质上是对结构构成关系的保护,内容包括环境的功能联系、空间结构、交通结构、空间与实体的反转关系等内容。肌理缝补的方式是通过对虚实组合关系的添加缝补达到完形的图底关系,从而形成空间肌理的整体感。

因此,在一个具有悠久历史文化和传统空间肌理的校园中,需要对其现有的空间结构和历史的空间肌理进行严格且合理的保护,例如从平面形态、空间轮廓、建筑形式等方面入手,展开深入且全面的研究。校园内建筑宜风格沉稳、形式统一,以营造出连续的空间感受,更利于师生交往。尊重场所精神并不表示沿袭旧的模式,而是意味着肯定场所的认同性并以新的方式加以诠释。典型的公共空间可作为不同肌理的连接与过渡的中介,将它们有机联系成为整体。在校园不同肌理的整合中尤为常见,它可以促进内外空间的渗透、自然与建筑的对话。例如,芝加哥大学有美国传统开放型大学的校园空间形态,围合的方形院落空间与开放性的公共空间是主要空间组合,在这些区域常以开敞大空间作为过渡联系,以便调和空间衔接的矛盾。大学校园空间布局包括了教学、实验、生活、运动等功能需求,并结合为有机体,伴随着建筑高度由低向高转变,校园整体的空间布局已转变成围合式、平行轴线叠加的复合型新形式。常采用的有相似性组织方式来增强整体的协调与联系,或用相同的空间组团的平面构成形式,通过相互间有机的连接，获得富有韵律感的空间肌理，逐渐形成新的校园空间布局结构。老校区建筑设计风格多样，通过相似的空间肌理不断扩展，形成整体的空间感受和适应多样性要求，它还可使建筑获得一种韵律感，以灵活的形式适合于原有校园肌理。

4.3 典型空间连接

4.3.1 建筑架空空间

建筑底部架空或者局部架空可产生空间渗透，它是凹入空间的一种特殊形式，从构成上，它可以保持界面的连续性或完全打破建筑界面，特点是在于它界定空间而不限定空间，用柔性的模糊方式联系室内外空间。这种特殊的灰空间界于建筑和空间之间，适合人的各种行为，停留、穿越，看与被看，这一过渡空间作为建筑内外部空间的过渡，获得空间动态感。它还可以缓冲建筑实体与自然环境之间的矛盾，通过交通动线渗透和引入公共景观，扩大边界的可停留性。

底层空间架空可引入绿化、水体、小品及座椅等设施，既有室内宜人的气氛且又有室外的自然亲切感，集休闲、健身、赏景交往功能于一体，形成校园聚会、交往中心，这是底层架空空间和其他类型的公共活动空间显著不同之处，是具有强烈亲切感和归属感的空间形式。架空层与景观结合可以丰富空间层次与视觉感受，通过借景、对景等形成景观渗透。完全架空有利于营造接近其他空间的环境氛围，从而缓解新旧建筑在材质、尺度等方面的差异所造成的不连续性，可舒缓交通且增强动线渗透。局部架空是在建筑体量上，用减法方式挖去部分建筑空间，引入部分外部空间，空间易于与周边形成过渡。架空层与交通结合有助于缓解人流、车流对道路的压力，尤其是较紧张的建设用地，它使建筑承担部分校园交通职能，如停车等。建筑最大限度地开放底层的方式，也为校园提供了公共活动空间，吸引学生参与交流，以形成好的学习氛围。尤其是较密集的教学楼群或宿舍楼群的底层，架空和敞廊的形式可结合花坛、水池、座椅、绿化等设计吸引人停留及鼓励更多的活动发生，同时有通透的视觉感受。

底层架空是在用地紧张的校园建设中提供更多人性化空间环境的一种积极探索的方式，以此来丰富的校园空间形态，创造更多可供师生使用的交往空间。

随着架空空间形式的丰富,这一有生命力的公共空间类型表达了其广泛性和区域的适应性,为师生创造通透、连续的地面步行交往体验,增加了更多机会。此外,建筑物底层入口因人流量大且过往多,底层架空除了增加人们交往和休息的场所,还能让人们的活动免受气候影响。建筑底层架空有时还可以结合地形和高度,设置自行车库、运动场地或是休闲广场来提高利用率,优化建筑空间且改善建筑功能。例如,广州大学城的架空层是特殊类型的校园公共开放空间,它是介于室内外的过渡空间,促进了内外空间的交融,满足了师生需要亲近自然的需求,增加了绿化面积和交往空间(图 4-8)。

图 4-8 广州大学城底层架空层

(图片来源:作者拍摄)

4.3.2 廊空间

廊空间的形态特征是其外在形式及空间内涵的总和,它的空间属性很大程度上决定着其形态及表现的层次性,即利用廊界面设计通透的特点,使它与主体建筑形成虚与实的层次性。廊空间是联系群构建筑各大功能部分的连接体,在形态结构上充当了群构建筑的轴和主要交通组织骨架,以满足雨雪天气学生在各种功能建筑之间的穿行需求。因承载了大量人的活动,连廊为建筑的临界空间创造出新的过渡,也活跃了气氛。勒·柯布西耶(Le Corbusier)设计的巴黎大学瑞士馆是将建筑主体架空柱的巨大基础位于地面以下(图 4-9、图 4-10);较其他所有可以想得到的手段而言,采用 6 根支柱的解决方案带来可观的经济性;在较紧张的预算的控制之下，设计者将尺寸减至最小，但通过有意识的变形，门厅和图书馆给人宽敞的感受。沈阳建筑大学的建筑长廊被誉为亚洲第一文化长廊。长廊共分三层，一层的西部是教室，东部是商业街；二层是封闭的学习空间，也可进行各种展览，三层是敞开式空间，长廊贯穿于教学区、科技园区、办公室和生活区，具有学习、共享、交通和展示的功能。

图4-9 柯布西埃设计的巴黎大学瑞士馆

（图片来源：https://www.image.baidu.com）

图4-10 巴黎大学瑞士馆架空廊

（图片来源：巴黎大学官网）

（一）大学校园连廊的功能

空间属性和交通功能：廊空间是空间之间联系的媒介，连接彼此相离的空间，常见的线性空间组织方式就是将一系列并置空间串联。此外，廊空间通过连接厅、院落、楼梯等交通元素可形成交通体系，将其他功能空间组合进结构之中形成有机整体。因大学校园中学生人流的不规律性且在交通空间中的活动有其目的性，因此，会有向往和期待的情绪。在此狭长单调的空间形式中要有效地引导人流，即廊空间在人流组织中要有引导和暗示作用，在满足交通功能的同时能提供观赏、交流等功能。廊空间一般作为附属的建筑构件与建筑外界面相连，所以立面构图上出现了廊空间的虚界面与建筑实体界面的对比。廊空间对校园空间进行的分割或联系的关系处理，可对校园空间产生分隔及连通的作用。

廊空间的非本质属性，即过渡性和中介性，还体现在它在建筑中的位置、功能等方面。过渡性是指廊空间在建筑中的空间转换作用，其中心理过渡是指人们随着空间功能属性的变化所产生的相应心理变化，即廊空间处于空间转换的位置，通过其模糊的特点，使人有心理过渡的缓冲区。生理过渡是指空间物理环境的改变使人们在适应环境变化时的过渡，即空间环境的声音、光线、温度等状态要素，这一调节作用使他们可逐渐适应此变化。由于人的行为和心理不同，廊空间将空间划分为室内与室外空间、私密与公共空间、静态与动态空间、半私密空间和半开放空间等，因此廊空间在空间转换中起到承接过渡的作用。中介性是指廊介于内外空间之间起连接作用，可柔化建筑边界，达到连续、流动的效果，作为空间的纽带，可在多个空间相互交融渗透、交叠过渡中营造出连续的空间体验。

（二）廊空间特征和类型

廊空间的特点和魅力源于线性属性。其线性属性及其多元化的功能内涵使它在校园单体建筑和群体组织的形态塑造上发挥着一定的作用，形式有直线、曲线、折线、弧线，可随着使用要求而任意改变的组合形式。线性廊空间的多变意味着内外部空间划分上的曲折多变，也是廊空间作为空间，组织或划分的有效途径。廊根据位置关系和作用包括：尽端式，指功能空间置于廊空间的端部，廊起着明显的导向性作用；串联式，是指将一系列并置空间串联，功能空间置于廊空间的侧面，解决空间的水平联系，结合楼梯与电梯亦可联系上下空间；嵌入式，是指功能空间包含一部分廊空间，廊与建筑融合；内含式，是指功能空间置于廊空间中，形成有机整体；外挂型和内凹型，是指采用建筑体量的加法或减法的设计手法而形成的空间形式，丰富了建筑的立面，尤其是南方较湿热地区，可将底层架空廊空间与建筑入口、庭院空间结合形成丰富的过渡空间。

廊空间传达着不同意义。自由的曲线象征着动感、明快；圆滑的弧线象征着含蓄、饱满；曲折的折线则象征着多变且对地形和气候的适应较强，可适应不同气候条件。北方气候寒冷、干燥，可用玻璃等作为围合界面的材料（图4-11），南方气候温暖、湿润则可镂空或局部遮挡，以增加空气的流通，同时可适应不同的地形条件，采取多样的形式（图4-12）。另外，从竖向上也可高低错落，因廊空间形式较简单，构件小且组合灵活，可将零散分布的建筑单体组合成曲折多变而又参差错落的建筑群体。

图4-11　沈阳建筑大学建筑长廊

（图片来源：沈阳建筑大学官网）

图4-12　华南理工大学新校区廊空间

（图片来源：作者拍摄）

（三）大学校园廊空间的组合

建筑群体空间组织中常以廊空间为辅的连接方式，尤其是局部院落式布局。大学校园建筑群体空间组织中常以廊空间为主的连接方式，例如具有单元式特点的院系楼、宿舍等建筑单体通过连廊空间联系在一起。空间显示出整体独立性和多义性，使其具有流动性和适应性。

(1) 以廊空间为主导的空间组合方式。大学校园组群形态的发展是个复杂的过程。空间组合方式是指它在群体空间组织中作为主要的构成元素，对校园空间结构和布局起着重要作用。其组合方式多样，线性布局以组群中的线形元素连廊为主轴，主要功能空间沿脊的走向在其两侧自由发展，廊在群体组织中犹如连接的纽带，使两侧的分支单元按线性轨迹展开，所连接的单元体常与其垂直布置(图 4-13)。通过廊的联系可使各部分便捷地沟通但又相互独立，适用于分支较多、功能相近且相互联系紧密的校园建筑群体，如宿舍楼群等。辐射式以某中心为原点，并以此为圆心的弧形廊空间或以此为中心向外辐射，廊空间将建筑群体组织在某个区域范围内，中心为发散点且四周为发散场进行线性疏导，可生长性强。有时在校园中心区形成具有围合感的入口空间、庭院空间或者广场空间，利用弧形的廊组织建筑单元体使群体建筑形成弧形的开阔空间，校园布局沿着弧形空间向外发散。

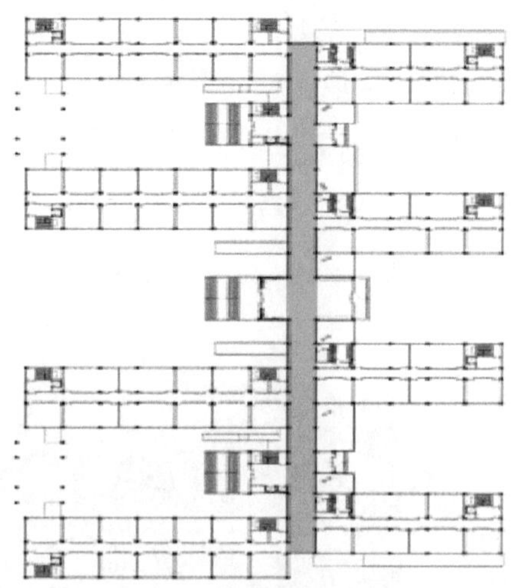

图 4-13　线性廊空间

(图片来源：作者自绘)

(2) 廊空间与群体建筑的组织。廊空间的特征使得它在群体建筑的组织及整合联系空间中起着重要作用，也是群体空间组织的灵魂。通过它可以组织群体建筑中学生的人流，根据它的形态特征可将周围空间有机划分，形成庭院、广场等空间，因此，它是空间塑造的有效途径。廊空间是校园整体空间形态调节的设计手段，它通过自身的线性空间特性将校园内外部的院落空间、街道空间联系成整体的空间网络。大学校园的廊空间将众多复杂的功能单元联系起来形成有序的、有组织的整体，在设计上通过统一与变化的手法，使校园场所有主有次、空间丰富。与廊空间关联的门厅常在建筑局部呈散点状分布，其种类包括休息厅、会客厅、入口门厅及包括中庭空间等（图 4-14）。此外，它的空间尺度要比廊空间大，在视线和空间感觉上比廊空间更开放，且包含了更多的附属功能，如廊空间复合了展览功能空间，与它关联的厅空间就可能复合了休息或等候等功能。

图 4-14 与廊空间关联的门厅

（图片来源：作者自绘）

（3）廊空间可作为联系的空间组合方式。大学校园组群形态的发展是个多样性的过程，要因地制宜地进行空间布局。校园内廊空间虽只在建筑主体的附属位置，即它对结构布局不起决定性作用，但其联系不能忽略，其空间组合方式通常有以下两种：以一定模数的基本单元为基准，通过基本单元（三角形、正方形、菱形等多边形）在平面上的衍生组合，构成规律的平面形式。斯坦福大学规划采用廊空间来组织，使布局体现了灵活性和整体性，连廊的围合形成了庭院，使入口、门厅、建筑空间与其相互渗透（图 4-15）。廊空间通过它在交通功能上的连接和空间形式上的围合，有利于施工且组合容易、空间适应性强，能为大学后期发展提供与后续建筑衔接的便利。

图 4-15 斯坦福大学廊空间

（图片来源：作者拍摄）

以线性廊空间作为联系，将建筑单体按照一定的序列导向、行为路径进行的围合形成连续的院落空间，应用广泛。大型校园中单个组群中的院落不同于传统意义上的院落组合，其院落空间不一定是规则的几何型，而是多个不同形状、不同开口方向的庭院相互叠加复合，可能没有明确的空间序列和轴线，其布局也可因地制宜的根据地形条件加以变化、演变，呈现出极大的灵活性。芝加哥古朴的廊空间与庭院空间的叠合，创造出丰富的校园空间，向人们传达着校园久远的历史和校园文化(图 4-16)。廊空间是个积极的空间类型，它作为线性的交通空间联系着校园各功能单元，同时又以其特有的空间内涵为师生提供有效的交往场所，为大学校园注入新的活力。由于当代大学校园建筑设计的复杂性和时代性，因此，以廊空间为群体组织的创作实践常将多种手法穿插组合，有机的应用于设计中。

图 4-16　芝加哥大学廊空间

(图片来源：作者拍摄)

4.3.3　建筑入口空间

建筑入口空间是师生进出建筑的交通空间，也是他们聚会、学习、交谈、活动的场所。《城市中介空间——特殊城市空间书系》中指出“建筑入口空间是建筑空间中最为活跃、最有魅力的空间部位。作为室内外空间的连接点与分界点，它控制着两种空间的转化，是形成空间序列性和节奏感的关键所在，体现着空间的流通性、渗透性和指向性”。这里的建筑入口空间是指入口门所在的局部与道路之间的空间以及建筑的门厅空间，例如入口前的广场、绿地等都属于建筑入口空间的范畴。它兼具人流集散的交通功能以及交往活动的场所功能。

(一) 入口空间的类型与分析

校园入口空间是高校主入口对内和对外的功能辐射范围，它是联系校园与城市的通道以及城市进入校园的缓冲地带，是高校与社会物质、信息交流的载体。校前空间是城市空间和校园空间的并置、叠合、渗透和互相影响的过渡地带。入口空间实质上是为人们营造了一种特定的空间氛围，其中平入式指室内外高差不大，入口处有踏步或坡道，行人进出舒适便捷的空间样式；凸出式通过加法对空间进行处理，如增加凸出的门廊、悬挑较大的雨篷等；凹入式通过空间虚实、凹凸对比，创造出多变的光影效果。例如纽约大学的建筑入口形式多样，有现代简约的风格，也有厚重端庄的风格，产生多角度、多方位的视觉效果，也可丰富建筑形体(图 4-17、图 4-18)；建筑入口空间是重要的表达符号，通过合理组织进入建筑的空间序列，或塑造有特色的外部空间，寓情感于建筑与环境之中，可激发人们的各种心理情绪并引发心灵的共鸣。

图 4-17　纽约大学建筑入口之一

(图片来源：作者拍摄)

图 4-18　纽约大学建筑入口之二

(图片来源：作者拍摄)

入口空间是划分连续空间以及连接相邻空间的要素，它具有开启与闭合、分隔空间与连接空间的双重特性(图 4-19)；它以连续的时间和空间为前提，有将连续的时空进行分段且连接的作用。入口设计的重要性在于各种流线的组织都从属于入口的安排，建筑的内部流线是否自然通畅、是否兼顾室内外各种流线的通顺，都需要通达入口的方向才能明确，同时其位置与外形需要突出其引导性。此外，它在外部空间环境的创造中也担任着重要角色。建筑入口构思关系着建筑形象的成功与否，入口空间的层次有水平、垂直、交互穿插等空间层次。它是一个边缘的、意义丰富的、充满了不定性的场所，各种不同的信息可在这里交融，让建筑形成一个功能上更有效，空间丰富、丰满的有机体。

图 4-19　广州大学城入口空间设计

(图片来源：作者拍摄)

整体设计过程则可通过不同的空间处理手法，调整局部与整体之间关系，恰当地安排空间序列并利用空间造型语言来加强整体性。校园建筑入口空间常通过轴线之间的连接来强调与内部环境之间的关联，或利用空间的转折带来空间体验的变化，也可结合校园空间轴线、校园建筑和开放空间尺度、建筑自身的空间要求以及入口空间吸引力等研究。只有在设计时找到不同的场地和场景所需要解决的矛盾，才能找出解决它们的应对策略。

(二) 建筑入口空间的设计特点

入口作为构思大学校园建筑空间形态的设计因素，它需要与校园内部环境密切结合。当师生在体验建筑时，入口要素不仅容易引起人们的视觉停留，成为内部空间的前奏曲和室外空间的构图中心，同时也是建筑形体的中心和重点。入口空间又承载着这两种不同空间的转换与过渡，即向外扩张以试图融合于外部空间，对内控制人的流线以展示建筑内部空间。因此，校园建筑的创作从局部到整体，从微观到宏观，都遵循着局部服从整体，个性服从共性的构思方法，使入口成为重要的空间整合要素。建筑入口空间既能缩短人们对空间环境的适应过程,同时又体现出对人的关怀。

校园群构建筑的入口空间较多且不同的功能部分对于入口的大小、位置、凹凸以及配置形式都有不同的要求。因此,在尺度合适的情况下,应结合学生的出行习惯和时间频率,综合考虑其入口空间,参考建筑界面空间的设计,可借鉴其手法来进行入口设计,例如结合建筑物底部架空、下部收进,入口凹进或作骑楼处理等手法,拓展前庭空间可以丰富建筑及广场空间形态以及引导人流进出。复旦大学双子楼通过底层入口空间的处理,不仅取得了较好的空间视觉效果,也给人们提供了可以交流与休息的场所,且与前面开阔的绿地空间形成很好的衔接(图 4-20)。

图 4-20　复旦大学双子楼建筑入口

(图片来源:作者拍摄)

入口空间是相对独立且具有一定的领域感的空间,可通过建筑界面的交错、铺地材质、台阶、绿化、雕塑等对入口空间加以限定;同时门厅处可加大交往空间的布置,通过台阶、绿化、小品等设施进行空间的分隔,增强空间的独立性。此外,入口空间设计要考虑服务性设施的设置,在入口周围可设一些供人们进行较私密交往活动需要的座椅,让人休憩交谈;还可通过绿化的乔木、灌木、服务设施等的设计,增加空间的灵活性,创造更适合人们心理需求的空间环境。设计还要重视每个空间的特性、空间的系列、空间的交替以及这些特性之间的关系,或用虚实交替及过渡空间等来组织序列;改变人的行进方向和打破空间的单调,在场所中产生跳跃。还可以将空间尺度较大的空间划分为小空间,结合地面高差、植物配置、设施设置等手法，过渡到建筑内部空间的尺度，打造亲切宜人的气氛。在处理入口空间细部和设施时，引入自然元素如植物、水体等，使人工因素产生柔化。如图 4-21 左图所示，哈佛大学建筑入口设计在中间，色彩与两侧建筑形成了统一；右图中建筑入口利用绿化设计增加空间的灵活性，将道路与入口柔性隔开(图 4-21)。

图 4-21　哈佛大学的建筑入口设计

(图片来源:作者拍摄)

4.4　大学校园群体空间及其组织

外部空间的设计能直接影响校园环境的空间质量。因此，在设计过程中，空间把握的系统性、空间秩序的建立、适宜的尺度等，可通过渗透原理相互联系、相互影响。

(一) 大学校园积极空间的引导和限定

对外能产生心理场效应的空间是吸引人的空间，在较长的时空引导要素中，需要引入关注点，并强调引导要素的时间意义。人流正是时间要素的物态，实现暗示是空间到另一个空间的时间过程即动态过程，这时引导要素的时间意义就大于空间意义；用更新的观念可将人流当作建筑中时间艺术的主要构成因素处理，成为实现空间艺术的必要手段。引导性是不同的空间形式对于人的视觉与行为方式产生影响的重要形式，即是人与建筑、环境的一种对话，它有多方面的使用价值和艺术价值。某些比较重要的活动空间因序列关系受地形限制，可通过适当的引导克服不利条件，来满足功能活动要求以表达空间的内涵性质。

基面的变化也是限定空间行之有效的设计手法。当需要区别行为区域而又须使视线相互渗透，运用基面变化是适宜的，首先，当水平基面出现高度的差别变化时，人们会感觉到空间有所不同，即高差形成很强的区域感；当基面存在着较大高差，空间会显得更加稳重、高大；下沉空间因为可通过视线俯视其全貌而显得亲切与安定。基面倾斜空间因其地面形态得到充分展示，同时在方向上给人向上或向下的暗示；其次质感、色彩变化可使基面打破空间的单调感，也可划分区域、限定空间的功能，广场中的水面、绿地、草坪中卵石小径都会产生不同的领域感。外部空间利用水平和垂直的围合要素对空间进行处理，参与空间的要素是多样的，例如墙体、灌木、栏杆、灯柱等。

建筑外环境是以建筑构筑空间的方式，从人的周围环境中进一步界定而形成的特定环境，与建筑室内环境同是人类最基本的生存活动环境。在实际的校园规划案例中，通常是多种方法的综合运用对空间进行建构。而对空间的多元、多层次的建构，可体现出丰富的空间效果，能满足空间的不同使用性质、审美特点以及地域特色等，从而使外部空间更加舒适、丰富、和谐。对于大学校园的设计者而言，创造良好的建筑外部环境则要把握其构成要素及相关规律，包括庭院、广场、街道、游园和绿地等。

不同的空间形式和建筑元素通过视觉感知去传递一种信息和营造一种氛围，进而影响人的情绪与思维以及师生在相关建筑内外空间的基本行为模式。当表达空间的形式语言越具体化、越连续，则场所就越生动，产生的空间形态就越清晰。建筑外部空间也是通过空间语言来划分空间，对外部空间的限定也有助于每个空间功能和形态的确立，从而创造出适合特定人群专门活动的氛围。

（二）空间组织的拓展和优化

校园建筑群体是构成校园空间的基本要素，通过多样的组合可形成丰富的空间形态。校园内部空间形态是教育理念和模式的直接反应。在日益变动的社会需求下，大学空间的形成与变化以开放空间作为媒介，其聚合力正是大学空间形成与变化的基础。由此，建筑群体既要保证校园的统一性和整体性，又要突出校园建筑的多元化、空间多层次化的效果。

（1）利于拓展的院落型空间组合。院落空间所具有的内向、安静的气质正好与大学学习气氛相契合。书院作为中国古代传承教育的场所，层叠的院落空间分隔出许多的读书、学习空间。与西方早期大学不同，中国传统书院很重视环境的营造和影响，常选址在自然环境优美之处，不但讲求外部环境优美，还注重内部环境营造。从其与建筑的关系来看，建筑的类型和性质对庭院空间的营造起决定性作用，因而在设计时须与特定的建筑相联系，例如教学楼、图书馆、行政楼、宿舍等，因它们形成的庭院有不同的特点，所以在设计时应区别对待。院落型的教学中心区空间呈多种形态，如围合、开敞、对称等形态。因它是静态的空间形态，具有较强的领域感和聚合性，适宜教学中心区教学科研的功能特性和心理需求，因此在许多校园空间设计中都被作为一种原型空间来加以拓展。院落空间营造的目的在于打破建筑的孤立性，使建筑与环境相融合，为人们提供交流、休憩的人性化场所。在大学校园设计中，空间丰富、具有亲和力的校园建筑要以此为出发点，从建筑与地形、建筑与建筑、建筑与人、建筑与环境等进行研究。

(2) 立体化综合开发利用。大学立体化开发对于调整城市的空间结构、减少交通负荷、提高使用效率、节省建筑用地、活跃景观等都有积极意义。例如，将娱乐和休息设施结合在一起形成综合体，常在校园空间的设计中使用这一方式解决校园发展中的诸多问题。校园的教学综合体集中了教学科研以及部分生活服务设施，其建筑可能是大型多层建筑或高层建筑。校园建筑转向成片的综合群体，它不强调图书馆、公共教学楼、公共实验楼等具体的功能单元，而将所有这些功能看成整体，并在垂直方向上进行延展；在空间组织上表现为最大限度地立体综合开发利用；校园整体意义在交通组织上表现为内部交通与校园地上、地面、地下三个交通动线及人行步道系统的联接；外形上通常尺度较为庞大。例如，江苏某大学研发中心方案就是一个集实验、办公、研发、档案管理及大型会议等多功能于一体的建筑综合体，建筑体量较大，因正对校园入口，且位于城市的重要地段，努力使其成为校园标志和此地段城市设计的典范(图 4-22)。在城市设计中，为避免分散的功能分区带来诸多使用上的不便，常利用建筑综合体来满足需要，解决多种功能要求、使用者的需求。立体化综合开发利用增强了校园生活的横向与纵向联系，节约了校园用地，丰富了校园的空间层次。无论从功能或体量上都是统率校园空间的核心。

图 4-22　江苏某大学研发中心方案

(图片来源：作者主持设计，自绘)

(3) 现有的自然、人文要素的利用。由于自然赋予校园户外空间特色元素,所以将大学地质、地形、气候、水文、植被这些自然因素与地方文化、校园文化和大学生行为心理等人文因素及其新思想、新技术融合在一起是体现校园户外空间环境设计的重要途径,要在生态性、人本性和特色性的指导原则下对校园整体的空间结构、布局、层次和轮廓进行宏观把握,再针对具体对象进行设计策略的深入研究。校园中的休闲空间、景观空间等设计可从校园环境中的广场、庭院、绿地、水体、入口、灰空间和道路等方面着手,营造具有山地特色的户外空间环境。建筑和开放空间相互融合,便于不同院系和学科的交流,营造新世纪高等教育的研究氛围,如休憩、讨论、交流,有利于各种信息、知识的相互传递;在环境设计上要保留原有自然植被等,结合主体建筑的布局增加台阶、休息设施和小品等丰富师生的活动场地。

(4) 关注校园规划与自组织生长的活力。大学校园是较为复杂的系统,因人为规划的调控力有限,不可能完全控制其系统的演化,要通过规划引导校园的自组织,发挥校园内部机制的作用,使各子系统相互协调发展。大学的自组织性来源于人们精神的同一性、文化的一致性和价值取向的一致性。校园是一个物理的、功能的、社会的、生态的、文化的、心理的存在,校园集群化过程带来的复杂性主要不是源于系统所拥有的物质要素的数量,而更重要的是这些因素间互相作用的潜力。校园环境由此体现出自组织系统的属性,激发着使用者的自主性和创造性,给校园文化增进更为深刻及人性化的内涵,处理好校园集群的复杂性是校园规划的关键。

规划的正确干预以促进其结构的调整和系统进化,即展望性干预和补救性干预。展望性是对空间发展相关的各系统的发展预测、空间发展规律和师生对未来的要求。补救性干预是发现并促进问题解决的方法,在空间拓展、空间结构与功能调适的融合及环境调整完善等方面着手,通过规划干预手段有效引导各组织系统的协同发展。当学校发展到一定阶段为适应不断增进的复杂性,需要分出不同的层次或形成新的发展中心;或根据需要分为中心部分与非中心部分或改善某种性能。当不能以自组织方式实现时,新规划将开始,因此规划是更高层次的自组织行为,即校园集群的自组织性需要通过规划不断提升。自组织生长的活力来自于其内部空间环境品质的进化,所以规划强调空间宜居和肌理互补,保证空间环境的功能与形态相适应。

4.4.1 群体空间特性

现代大学校园强调建筑单体和总体空间结构的灵活性及校园的有机生长，表现为清晰的发展脉络、灵活而动态的空间布局、具有节奏感和韵律感的整体形象等。单元体以相同或相似的空间形式构成各院、系的教学建筑，在校园总体发展框架的限定下，不断衍生构成建筑组群，进而形成完整空间。建筑组群的形式组合遵循着共同的原型和统一的组织形式，是动态、开放的整体，使具体行为需求与规划的理想模式有机地联系。空间的动态组织是指视点不断移动时动态观察外部空间的组织要求，是对外部空间的时间秩序上连续、变化的知觉形象的组织，是运动中空间与时间的统一，是多个空间之间关系的协调一致。

(一) 空间的连续与特质

空间连续是多个空间的关联性在知觉上的反映，形成连续空间的物质基础在于动视点的观察，视点观察行为是普遍的。连续空间的形成在于视点、视线和景物在随着身体移动的过程中产生的对比和联想，与空间中人的活动方式、路径密切相关。因此，在满足静视点观察空间基本要求的同时，要研究人的活动规律，结合功能要求处理好空间秩序，保持空间的自然过渡与连续，并要与人的使用协调，促进新老建筑的对话，以便为老建筑留出更多的呼吸空间，展现其历史美感。其次，要协调新建建筑间的关系，成为优化整体的重要因素。此外，要处理好人工与自然的友好关系，含有景观因素的过渡空间具有重要的生态价值、景观价值。

建筑小品是指那些功能简明、造型别致、富含寓意相对独立的场地空间，并与周围环境中的构筑物或小型建筑有机结合，它包括花坛、廊架、座椅、指示牌、雕塑等，起到美化、完善环境的作用。此外，环境小品是整合场地空间的设施，并非场地空间构成要素的主体，它应从属于所在空间的次体。设计中应建立内在联系，明确主次关系，让其造型、图案和色彩等与建筑及空间的环境气氛相协调，服从整体环境特点；因其兼有丰富景观和美化外部空间的作用，应与一定造型、图案、符号和空间的巧妙组合，表现艺术感染力。

(二) 空间组织与氛围

“透明”的形式组织作为设计手段成为创造理性秩序的技术，如同对轴线的添加和对称的重复。透明性的模糊组织，它出现在建筑多种多样又不可调和的情况中，这种自相矛盾的期望，却有可能在完美的设计中得到解决。作为形式的组织，透明性无所不包，它能吸收矛盾，也能吸收局部特异的内容。美国伊利诺伊理工大学校园两个相邻的空间，有意识地使之互相连通，彼此渗透、相互因借（图4-23）。由此透明性作为大学校园空间动态性组织的重要手段，对室内外空间的渗透以及诸多特定环境下空间的衔接起着重要作用，在秩序上形成了连续和互动的效果。

图4-23　美国伊利诺伊理工大学校园空间的透明性

（左图为克朗楼，中、右图为学生活动中心）

（图片来源：作者拍摄）

材质与色彩的动态性体现着大学校园时代和文化的特质。校园材料应朴实无华，体现其文化氛围和积淀，而色彩处理也有助于空间整体效果的和谐统一。材料的使用可作为特殊的语言来表达建筑所包含的文化信息。校园界面中各种色彩相互作用、和谐与对比是最根本的关系，如何恰如其分地处理这种关系是创造空间气氛的关键。界面肌理可通过材料的运用来体现变化，材料由于组织结构的差异，其表面呈现不同的质地特性。在扩展建筑内外空间的同时，有时通过弱化建筑界面的对外限定或弱化外部空间原有环境的对内界限，创造新的场所秩序可形成动态的场所形态。

建筑空间应突出色彩基调，因为它对视觉起主导作用，基调代表着空间与建筑的共性色彩，其他的色调仅起烘托作用，而对个别建筑或出入口、环境小品、标示牌和街道家具等可采用较鲜艳的色彩。其次，要创造校园场所的完整感、统一感要形成适度的均衡美。只有色相、明度和彩度三要素相和谐，才能建立协调统一的色彩组合。犹他大学位于美国犹他州的盐湖城，建立于1850年，是一所被美国国家公园环绕的国家级大学。校园依山傍水，颜色设计成为大学校园的亮点，活动中心设计采用蓝色和黄色结合，室外游泳池可在夏季使用，底层大面积玻璃加强了室内外空间在视觉上的连续性和渗透性（图4-24）。

图 4-24　美国犹他大学活动中心颜色设计

(图片来源:作者拍摄)

大学校园空间设计中有一种手法是暗示,即以程度不同的含蓄、抽象的设计思维应用于校园设计或作为设计语言贯穿校园的设计方法。它包括精神暗示、功能暗示、空间暗示等。例如,功能性提示包括方向性暗示和空间性暗示,方向性暗示依靠文字、指示箭头等视觉手段使人们明确和顺应方向进行合理流通;空间性提示依照人的活动和心理活动达到目的,使人们能按一定的空间规律形成过渡。外部空间设计要有计划地引导人们的行为及路径、规律等加强空间的引导和表现力。在场所设计中要注重引导因素,如合理延续的暗示、有趣味的对象和场所之间的转接点、空间性质的改变以及象征、重复或符号的暗示等,这些因素在特定的形态空间中要配合建筑和景观等其他要素。

4.4.2　群体空间组织

建筑的空间形体首先决定了场所的空间形象。一个场所狭窄或宽广是由围合它的建筑空间形体及建筑之间的关系决定的;场所周边建筑的围合方式、色彩明暗、材料的轻重、风格的不同,都对场所气氛的塑造起着决定性作用。建筑是最具空间性的。人们深入其中的空间场所,给人以视觉和感官上的愉悦,才能达到艺术创作的高度,所以需要把制约条件不同、遵循法则不同的功能、艺术、技术结合起来,做到适用空间、视觉空间、结构空间的统一。

大学校园在原建筑群内增加新建筑,则要组织和安排好公共活动的用地,要让使用者有亲近感和归属感。尤其是高大建筑物的增设,其建成会使建筑空间组合发生改变,所以要深入研究空间关系、建筑群体体量、空间轴线关系、高度关系。大学校园空间的模糊与通透是相辅相成的,将使用频率较高的教学、办公、生活用房等设在朝向环境好的一面且争取通透,特别是在室外风景优美的一面尽量通透,力争将大自然引入室内。沈阳大学群体建筑组团以院落和广场空间为主题,群体建筑有鲜明的向心力。贯穿中心广场的纵向轴线将各群体建筑统一成整体,形成层次丰富、完整有序的场所形象,使校园环境形成具有沈阳当地特色又富有现代感的空间特征(图4-25)。

图4-25 沈阳大学轴线与院落关系

(图片来源:沈阳大学官网)

大学校园建筑中重要的公共建筑群,需要依据建筑形式美的原则,进行多种形式的空间组合,形成自身特有的环境氛围,达到"使用功能的可变性、后期续建的可行性,建筑格调的协调性、空间尺度的亲和性"的目标。建筑形式是内部空间合乎逻辑的反映,要根据内部空间组合情况来确定建筑的外部形体和样式,在组织空间的时候要考虑到与外部形体的统一。

(一) 大学校园建筑的空间和布局

建筑的空间和布局是较高层次的空间组织艺术。简洁的单元空间通过重复给建筑带来丰富的形式和复杂的空间。"单元空间重复"重要的是探究其组合的模式和规律。如线性空间组合是单元空间逐个连接,或由单独的线式空间联系而成;网络空间组合是在网络线的基础上选取若干单元,通过清晰的组织网络形成平面规整的建筑形式,它强调空间尺寸、形式或功能的一致。

比例与尺度:建筑群整体或局部的尺寸和体量间的关系,包括建筑群之间及与环境间的尺寸及体量关系;合适的比例和尺度,合理的结构布局、形体轮廓与和谐且有质感的色调、色彩和处理得当的细部会给人舒适感。

主从与对比:形成具有强烈秩序感和整体性的建筑群空间,常利用构成要素在形态、位置上的优势控制整个空间,形成视觉中心而达到统一。对比是通过彼此的烘托来突出各自特征,包括对比大小、曲直、高低、长短、虚实、疏密;色彩的冷暖、明暗以及新材质与旧形式等,达到在变化中又和谐统一的效果。

韵律与变换:利用重复性图案及其韵律来组合一系列形式和空间,包括形状、形式或色彩等有规律地重复或和谐地再现，满足相同或重复的功能要求，同一形体或要素按一定规律重复出现、交替使用或有秩序地连续变化。变换指通过一系列手法使建筑概念和组合原则得到建立并加强，同时变换成实际符合和环境的设计，有时需对过去的秩序或典型建筑感知和理解，然后再加以转化。

对称与等级：需要轴线或中心来平衡地布置相同的形式和空间图案，包括两侧对称和辐射对称，其中对称包括整体对称和局部对称。等级是通过尺寸、形状、位置等与组合中其他形式、空间的关系，来表明其重要性或特别意义的。在建筑组合中，形式和空间的重要程度不一样，它们在功能、形式和象征意义方面所起的作用和重要性也不相同(图4-26)。

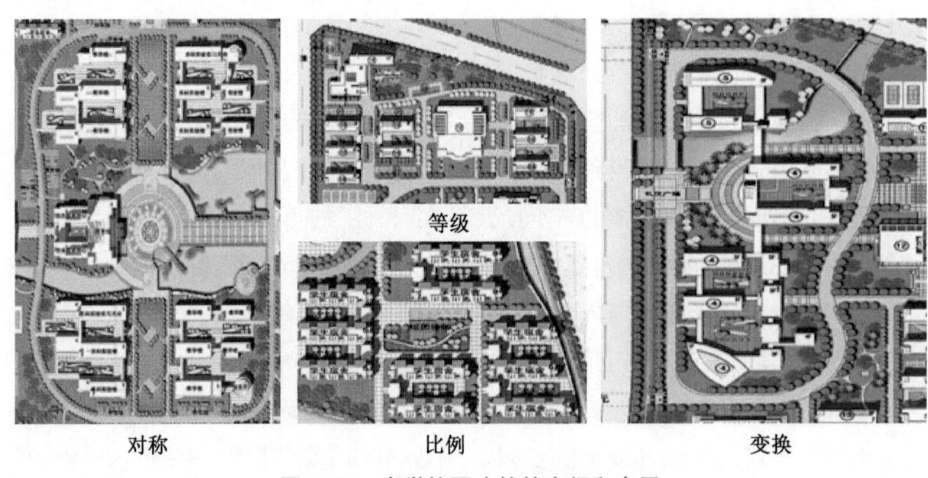

图4-26　大学校园建筑的空间和布局

(图片来源：作者参与主持设计项目的自绘图)

此外，轴向空间在建筑群的空间组织中占有重要位置，也是建筑设计中的重要方法。有的以校园一条中轴线为主，控制整个校园的空间布局，并对称的辅以几条垂直或者平行的次要轴线，将主次建筑群体依次对位布置，校园主轴上作为重要的空间序列控制节点，建筑群体间的组合遵循严格的轴线对称关系，形成有序统一的校园空间形态。轴线设计的基本原则是视觉联系，其任务包括通过空间围合与形体构成控制视觉导向，组织人的活动路线，沿线布置各项功能设施，使人在行进与使用的过程中感受和体验轴线的艺术效果；通过中轴线上中心点放射的次轴线能使中心区产生较强的凝聚力。空间要素之间可通过连通、穿插、渗透以及相互交融，使空间感受更丰富。轴线性质决定了建筑及其群体空间的性质。通过对轴线进行旋转、折叠等处理，来丰富建筑形态和空间艺术效果。斯坦福大学在其规划的发展过程中，即将校园最初的构思，即重建轴线系统来组织校园的空间结构，为学校将来的发展延续做出引导。

（二）大学校园场所分析法

场所分析法则将人性化要求、文化、历史等因素列入考虑范围。大学校园采用场所分析法力求反映出一种社会环境、一种文化内涵、一种自然环境的特质，地域的情感和需求等社会、文化和感知的因素被渗透到对群体空间的组织中。这些内在和外在因素的有机结合，赋予了场地和场所的意义。在校园建筑群体的空间设计中，关于人、文化、空间、场所的课题研究都是我们关注的焦点，可通过重新组合序列、空间和文化氛围来创新校园空间。

场所分析法要求设计不能仅停留在形式和空间上，更重要的是组合包含社会因素在内的各方面，创造一个整体环境。比如，丹麦哥本哈根信息技术大学教学楼的教学设施位于环绕天井的开放式学习区之内，各研究部门位于楼体两端且环境安静。建筑向城市居民开放，接待大厅可纵观大学全景，同时将人性需求与特定环境考虑进每个单元。

群体组合设计中的主要图形来自于生成元素的动态平衡，因元素间保持动态、未完成的状态才使调整成为可能，组群随着变化中的结构和空间的重要性、变化的精神等而不断增加新内容。校园规划的实际组成元素的数量和类型会因为大学的任务、规模和相关因素的不同，呈现出年轻校园逐渐成熟，老校园通过新建设而重生的状态。所以，整体规划要融会贯通才会有意义，才能协调环境中的各组成元素，走向预设目标。大学校园场所之间运用的秩序原则有所不同，除那些增减的单个部分之外，群体是由一系列多样的元素组成，即“动态平衡”，个别增加不破坏整体结构。

4.5 大学校园空间界面特征

克里斯托弗·亚历山大（Christopher Alexander）在《建筑模式语言》中指出：“如果边界不存在，那么空间就绝不会有生气。”人们宁愿在有依托的边界活动，也不愿意停留在空旷无依的空间中心区受人注视。连续界面会体现其存在的价值，只有创造吸引人的界面空间，才能成为有活力的空间，可识别性界面空间才是好场所，界面的组合关系使建筑内、外部空间产生了本质变化。

4.5.1 空间界面与场所活力

大学校园整体空间环境的形成由众多空间界面支撑，它们有各自的形象特征。界面设计只有做到多样、统一、和谐等才能丰富视觉且决定空间形态的整体性。同时，多元化有秩序的空间围合边界是塑造整体空间环境的重要途径。校园空间中界面作为黏合剂连接着各功能单元体、水系等自然元素及街道、节点、建筑等，并联系了空间和人的行为活动。

(一) 大学校园界面空间设计

校园界面空间是建筑内部与校园环境互动的连接体，界面空间的设计要着眼于创造优美的校园环境以及完善校园街道空间系统，显示空间特征。大学校园界面向内构成内部空间，使建筑实现空间围合及使用功能；由界面向外展示校园公共空间，使街道完成其功能和空间属性。将建筑单体与校园街道作为有机的整体进行考虑，从空间层次、视觉感受上协调两者之间的关系，通过界面空间设计来整合建筑与环境的关系。根据界面对空间的退让程度及相互关系体现标志性空间，增加凝聚力；邻近界面可形成连续。如北京大学国际关系学院设计延续了校园老建筑界面的高度与尺度比例，在视觉上取得统一。美国加州大学洛杉矶分校采用相似的界面构图比例及材料，同时细部上提取旧界面中细节形式，以协调不同时期的建筑界面特征(图 4-27)。界面空间是实体与空间相互接触产生的交界区域，对协调建筑与环境的关系有着重要作用。其范围的大小主要取决于环境使用者对空间的综合认知，即空间界面形状、色彩、材质等相关构成要素带给环境使用者的综合感受，包含心理感受、视觉感受等。

(二) 界面与空间吸引力

关于建筑与外部环境的空间限定要素—界面关系的研究，爱德华·T. 霍尔在《隐匿的尺度》一书中指出，处于森林的边缘或背靠建筑物的立面，有助于个人或团体与他人保持距离。其实质是公共空间的边界地带对于人们有磁石般的吸引力，人类在公共环境中倾向于选择在空间的边缘地带停留，既可获得私密感又可观察空间。确定设施的位置要结合这种心理，沿空间边缘的座椅比中心的座椅更有人情味。心理学家德克·德·琼治提出了边界效应理论，他认为边界区域受青睐是因为处于空间的边缘为观察空间提供了最佳的条件。边界起限定、

图4-27　北京大学国际关系学院(上图)与美国加州大学洛杉矶分校(下图)不同时期的建筑

(图片来源:作者拍摄)

围合作用且是闭合的关系,即区域或领域保持自身完整性的条件。当人们进入到与公共空间感觉不同的、连续的建筑综合体公共空间时,边界则为他们提供了一种类似空间入口式的场所。

当人们选择停留地点时,常会选择空间的边界地带。设计者如留意这一特殊地带的细节设计,停留活动发生的机会将会增加。大学校园公共空间设计的重要方面是边界细部与活力,人的行为始终与空间处理方式相关联。边界还起着保护空间内部氛围及传递空间内部信息的作用,空间品质由此从细节处得到提升及从细微处更关注人的需求。因此,边界设计可将公共空间内的景观、灯光、声音等渗透到空间外部,从而使空间具有吸引力。在校园周围环境较喧闹的情况下,可设置缓冲区作为边界,即发挥多重边界和"凹进效应"的作用,人流需要穿越该区域才能到达公共空间内部,边界地带和立面细部应与周边的灯柱、台阶、花坛、座椅等综合考虑。

4.5.2 空间界面的特征

心理学表明，人的知觉特质具有完整性、恒常性和理解性，任何有助于支持这种心理活动的空间都能使人产生愉悦，进而产生支持行为。界面是构成校园街道型空间的要素，适当的虚空有助于打破空间的封闭感和单调感，注意建筑风格之间的协调，采用局部连续的方法获得街道整体的连续性。

(一) 空间界面关系与场所氛围

界面对于建筑空间而言，是外向的空间限定，是存在空间具体化的定义基础；对于外部环境而言，又是内向的空间区别，是存在空间中的部分具有场所意义的领域。内向的封闭空间有很强的领域感、安全感和私密性，让人在运动中感受空间，在视觉心理中会自然地将前后看到的景物进行对比，形成围合的连续感与渐变感，不同围合特征的空间在序列中相间布局形成不同的场所氛围。外向的开敞空间限定度和私密性较小，强调与周围环境的交流、渗透，讲求与大自然或周围空间的融合，常作为室内外的过渡空间，有一定的流动性且反映了在环境中的开放心理，有些空间可把人的视线引导到室外与自然亲密接触。不同性质场所范围的界面及表征场所不同特征的内容决定了空间的形成。对于空间内容，界面是指不同空间内容交接的部分，建筑界面存在的首要意义是为了保持其两边空间内容的差异性。

(二) 空间界面的连续性和多样性

校园界面常是动态延续的，它在连续的限定变化中保持与场所的关系，同时又持续地与建筑自身进行对话。在建筑与校园、建筑与环境之间发生交流，建筑也通过其界面进入到校园环境中与场所发生联系。校园整体环境提供了能阅读和理解的信息，即一种容易理解而充满启示的秩序。大学校园外部空间格局、形态等会影响到空间界面的整体性，视觉健康的空间界面常会有统一的主题且有贯穿始终的风格，形成整体性的、统一的视觉意象。槙文彦说过："对于整体来说，它的组成部分进行调整，以及对于存在于两者之间的张力来说，理想的建筑状态是让每部分都对整体有意义"；他所追求的设计、环境和建筑之间的"和睦"关系，即和睦处理资源丰富的基地索取还是给予的问题。建筑与环境的对话来自于特定的环境、可用的技术条件和历史文化资源间。

空间界面的连续是形成整体的条件，它是一种时空连续且包含形态构成连续和时间纬度连续两方面；形态连续如形体轮廓、比例尺度、材料色彩、形式母题、构图划分、装饰细部等方面的连续；时间连续指不同时期建造的单体组成的整体设计。通过界面的连续性来实现校园与建筑、内部与外部、地上与地下、人工与自然的相互渗透、转换和融合，有利于实现校园公共空间的展示性、导向性和引入性，能为师生创造更多有趣的开放空间和交流场所，如斯坦福大学丰富的景观小品形成独特的界面(图 4-28)，成为校园独特的风景。校园公共空间活力营造的重点是关注边界而非仅关注空间本身，激活边界产生边界活力效应可使校园获得生机。充满生机的空间常有两个特点，即部分封闭或适当开敞且与其他空间相连；空间边界具有封闭性，形状可被感知和认同，让人有归属感、安全感，因此这种空间具有向心倾向且有积极意义。重现连续是复制已存建筑界面母题；重构连续是采用相似的形式或局部，加以变形、提炼；抽象连续和隐匿连续则提取已有建筑形式的基本特征且在新建筑中加以表现或者是保存已有建筑赋予的环境意象而使新建筑有隐喻式符号。

图 4-28　美国斯坦福大学的空间界面

(图片来源：作者拍摄)

(三) 空间界面的层级与创造性

空间的垂直界面围合形式主要有封闭、半封闭、半开敞、开敞等几种形式，大学校园空间根据其使用功能的不同，则感受也不同。一般校园空间都采用三面、四面围合的方式，较易形成空间的内聚和向心性，因其尺度较大也不会产生压抑的空间感，同时有利于大型集会场所的形成，塑造校园特有文化气氛。

围合界面的整合，水平和垂直界面的一体化组合常更具吸引力，因其界面的层次更加丰富，易形成多维、多义化的场所。水平与垂直界面的相互穿插、借引、对比等都是形成整体感的有效手法。从空间的多用途来说，适当的领域划分可避免人流交叉干扰。校园空间形态的整体认知是以人的视觉感知为基础，并通过物质界面加以表现的，渗透、开放、融合的空间环境需要相适应的物质界面来围合，实体视觉界面在空间中的划分应增进空间的层次，可通过并列或交错重叠或主次背景关系来营造空间层次。由密斯设计的伊利诺伊理工大学(IIT)，规划重视限定其边界(边界被称为密斯小径)且更倾向于把校园外的人们吸引进校园，建筑物各角落形成连绵区域而非界限，呈现出无限可能(图 4-29)。

图 4-29　美国伊利诺伊理工大学校园空间界面延续与融合

(图片来源:作者拍摄)

4.6　大学校园交通空间组织

校园道路交通组织的优化要以设计步行和自行车优先通行的道路为主，加强自行车停车场地的统一规划和管理。对于校园内的机动交通以限制疏导为主，把机动交通疏导于核心教学区外或校园外围区域，对进入校园的车辆予以限时、限速。新建建筑尽可能开发地下停车空间等措施，推行步行优先的理念。在欧美的大学校园中，如牛津大学和犹他大学，它们都专门设有自行车道。

4.6.1　道路交通组织与步行系统

TDM(交通需求管理)起源于 1970 年，但直到 1980 年后西方发达国家意识到有限的城市空间、土地、能源与设施无法满足人类无止境的交通需求，才全面重视其应用与研究。1992 年美国出版《交通需求管理手册》，美国各大学在校园总体规划中增加了交通需求管理的策略研究，把校园空间规划、道路交通规划、土地开发利用与交通管理进行互动整合。可持续发展的交通方式是其中一个重要指标，建立步行校园成为校园和谐发展的一种重要手段。为创造步行为主的交通环境，引导与激励师生员工选择步行、自行车、公共交通以及私车共乘等通行方式，才能最大限度减少汽车对校园的干扰。

随着高校规模的扩大及校园向社会开放程度的增加，现代高等教育正逐渐建立多元、多层次的立体网络结构体系。在校园规划中表现为，人行空间的交通功能逐渐形成多层次、多功能的信息联系和情感交流的空间，为师生创造出舒适、安全的校园交通环境。道路是城市骨架，它本身的形态变化左右着城市空间形态的变化，它的形式也决定着其他公共空间的形式。校园道路是构成校园形象的五要素之一，大多数人是通过在校园道路行进中来体验校园并由此建立明显印象，校园规划设计时应根据教师、学生的生活行为方式来研究道路的组织、形态和层次，并将交通空间作为交往空间的组成部分来研究。

大学校园道路交通系统布局已成为校园规划和建设中的重要部分。随着时代的发展以及大学与社会的融合，人流量、车流量急剧增加，校园道路建设及交通管理滞后于大学的发展等，都对大学校园道路交通系统布局也提出了更高要求。校园规划的车行交通结构很大程度上决定了其结构框架，交通模式的转变体现了大学用地模式的转变。例如美国斯坦福大学和康州中央大学都有专门的机动车和非机动车停放点，方便师生停靠，体现了人性化关怀(图 4-30)。美国盐湖城犹他大学将人行步道与非机动车道分开设置，提高了交通的舒适度，避免了混行带来的不便；同时在建筑、广场等周边有自行车停靠设施、机动车停车点，安全便捷(图 4-31)。

图 4-30　斯坦福大学校园的非机动车停放点(左)和康州中央大学校园的机动车停放点(右)

(图片来源：作者拍摄)

图 4-31 犹他大学自行车专用道和停放设施

(图片来源:作者拍摄)

(一) 大学校园交通组成、功能及特点

道路是校园空间环境的主导构成要素,它连接建筑群及结点,成为校园空间环境形态的骨架,也是重要的交往空间。道路交通系统担负着内部各区与各建筑间的交通联系、校园与城市周围环境的联系及校园消防通路的功能,同时又是重要的景观构成因素,其成效直接影响着校园的日常运作效率。校园道路又是城市与校园内部的联系渠道,是贯穿校园的动线,如取得整体秩序井然的有力手段。它具有双重作用,既是组织交通,联系建筑、广场等空间场所的纽带,同时又是交往的载体。校园内交通由行人、汽车及自行车组成,特点是人流量大,并有阵发式的活动,所以要对人流及其步行活动的规律进行研究,使道路空间环境的设计体现人性化。大学的交通组织形式可分为人车分流型和人车共存型。人车分流型交通组织采用外环包围型和人车立交型两种,这种交通组织形式可有效保证步行环境的安全。人车共存型的交通组织形式主要通过道路的近距离分流来组织人流和车流交通。

(二) 大学校园交通结构方式的改变

大型校园或特殊形态的校园可用多圈层并接的形式,内外人行交通联系即穿越圈层的方式可采取立体式设计,如设置地下通道或人行天桥,减少车行干扰且限制车行开口数，通往停车场或靠近建筑边缘停车处的车行道适当拓宽，圈层交通结构须辅以方便快捷的公共交通，以保证在较短时间将师生送到相应地点。

中国现阶段大学校园面积普遍较大，校园内的车行交通已成必然。与传统校园内部车行交通采取网格式布局不同，一些新建大学校园交通系统有时采用圈层交通形式，即开放原本封闭的校园边界，形成校园与城市的互融关系。为实现与城市干道交通的有效连接，需要适当扩大校园车行交通主干道尺度，模糊校园内外交通干道的差别，以适应街区化发展的方向；为保证校园环境的安全和宁静，需要适当控制车行交通的范围，代之以便捷的人行交通。

大学校园空间组织方式用生命体细胞生长的方式可增强校园环境的识别性，适应校园环境分区的互动性，强调形态的内聚性，形成相对独立的系统。圈层交通结构有利于动静分区形成，即宿舍、体育场馆、商业等服务型功能在圈外，教学、科研等功能在圈内。与传统穿越式交通结构相比，此模式有利于营造步行校园，车行交通被限制在圈层道路上，不进入日常教学、生活和科研的领域，圈层内外的交通以非机动车辆及人行为主，强调人行交通与景观、建筑功能的整合，形成安全、宁静的校园环境。广州大学城的交通体系就是典型的代表实例（图4-32）。大学校园的形态要与地形相结合，适度弯曲、通而不畅，以减缓车

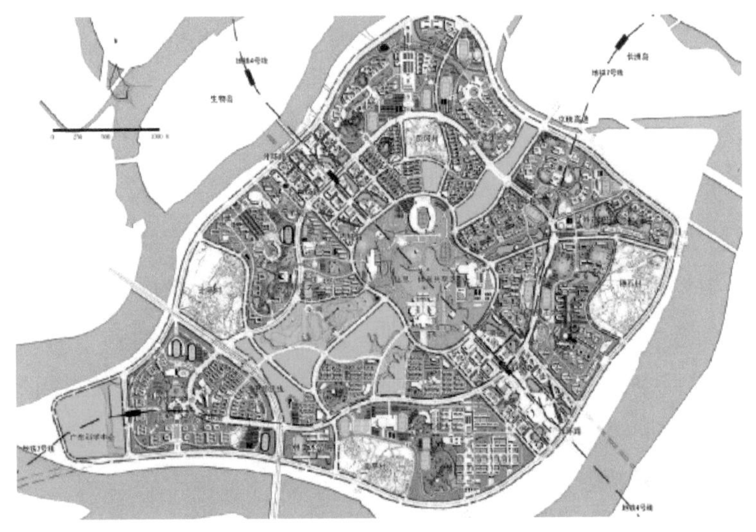

图4-32　广州大学城规划总平面图

（图片来源：https://image.baidu.com）

速,并采取限速措施;适当扩大交通道路的宽度;同时,在此基础上设置与圈层结构垂直、延伸到建筑组群中的消防通道。

4.6.2 道路网络规划

道路空间是人们户外活动的主要载体是人们欣赏、体验城市生活的场所和展示景观的舞台,其本质是城市空间的重要组成部分,空间特色鲜明。简·雅各布斯(Jane Jacobs)在《美国大城市的死与生》指出:"当我们想起到一个城市时,首先出现在脑海里的就是街道。街道有生气,城市也就有生气;街道沉闷,城市也就沉闷。"B. 鲁道夫斯基(Bernard Rudofsy)曾就意大利街道阐述:"道路不会存在于什么都没有的地方,亦即不可能同周围环境分开。"

(一) 路网分级和单行道设置

足够的道路通行能力是解决校园交通拥堵的核心,校园应注重在交通组织环节,设立明确的三级路网系统,提高校园交通的通行效率。通常在规模较大的新建大学校园中,须明确由主要道路、一般道路、支路三部分组成的路网结构。传统高校道路空间较狭窄且承载着多种交通方式混行的现象,因此该类道路对机动车辆通行,尤其是双向车辆通行会非常困难,甚至会引发交通拥堵。实行部分单行道路是传统大学校园内部交通组织的必要方式,通过"适度分流"的方式来缓解校园内部交通的压力。交通流量大的道路,最需要解决的是交通方面的矛盾,因此这些道路就需要采用人车分流方式,而对一些交通流量较小且属于生活性质的道路,则可采用人车混行的方式促进交往,增强步行空间的活力。

(二) 道路结构的保护

东南大学老校区的空间组织在保护了原有的道路结构,校园的空间格局的基础上,沿南校门至大礼堂的主轴线生长。南部中心教学区通过中山院、中大院、前工院围合大片草坪,并跨越林荫道与新老图书馆呈非对称布局,构成独特的复合式三合院空间;礼堂及其前面的广场以特有的中枢地位加之周围重要的建筑成为校园空间组织的核心;礼堂往北以建筑延续南北轴线,以交通集散为主的广场空间因紧邻城市道路而使校园外渗性增强。

校园道路既是学生们户外活动的重要载体,如休闲娱乐、健身跑步等,也是学生们公共交往的场所。老校园道路有着悠久历史,并形成了相对固定的空间结构与形态,成为人们心中长久记忆的场所。老校园空间环境的保护离不开对校园道路的保护，其中重要的是对校园道路结构的保护。随着校园的发展，校园中车流、人流的快速增加，给大学老校园原有的道路交通带来了较大的压力，校园道路在原有基础上的更新、拓宽。道路形态的改变会对校园的空间形态产生相应的影响，但是校园道路结构保持不变可以在相当程度上使得原有空间结构得以保留。校园道路形态变化同样左右着空间形态的变化，其形式也决定着其他公共空间的形式。校内动态交通的合理组织对维护校园独特的空间布局和良好的环境有重要作用，机动车流线与步行流线的分开设置，并对进入车辆予以限时、限速或实行单向通行，确保步行安全。

(三) 校园停车空间的优化

针对校园内机动车日益增长的趋势，大学应合理控制停车设施的规模并优化停车设施的空间布局，停车位的集约建设利于节约土地资源，增加停车容量。在用地条件有限的大学校园中，为开发新的停车空间，满足适当的停车需求，停车设施的集约化建设成为校园规划与更新过程中急需解决的问题。节地型停车场主要的建设方式有：充分利用校区外环汽车道和城市的隔离绿化带；将路面适当加宽作为路边停车带，比专用停车场更节省空间。在组团边缘及建筑侧、背面，以草皮砖的方式设置小型停车带，停车与绿化带相结合利用建筑底层设地下或半地下停车场。《俄勒冈实验》一书中提到，自行车便宜、健康且对环境有好处，但它们路上受到了汽车的威胁，而在人行道上又会威胁到行人。为避免巨大的停车场占用大面积土地，C. 亚历山大建议沿着一条干线，建一连串可以停 8～12 辆车的小型停车场。每个停车场都用围墙、篱笆或者树限制和围合，从外面看不见。人流集中的公共服务区可在开放空间的周边建设供自行车临时停放的露天停车支架以方便使用。自行车停放主要是在生活区和教学区，确保停车位数量足够、停车点位置布局合理，常见的方式有路边临时停放、建筑边临时停放、自行车棚停放、建筑底部架空停放、自行车库停放等。大学校园停车位缺失的现象屡见不鲜，校园中车辆停放杂乱的现象时有发生，所以校园中机动车的集中或分散的停车位设置显得尤为重要。在校园入口、重要的校园建筑如行政办公楼、综合实验楼、活动中心及报告厅的底层宜设置集中停车点，而分散的停车点宜在建筑周边结合开放空间的景观进行设计；而非机动车停放点也要结合学生人流量较为集中的教学区、生活区等重点地段设置。

广州大学城的二组团规划设计在资源共享区的周边设置以人行和自行车为

主的道路广场，将各教学区以及生活区流畅地联系起来。上海东华大学松江校区采取"人车分流、步行优先"的交通设计原则，尊重现有规划体系，以贯穿校区的共享绿轴延续大学城的共享空间。利用现有河道，局部扩展水体，将生态景观最大限度地引入各功能组团。山东师范大学以大外环为主要机动车道路与内环式的非机动车步行道路相结合及沿视觉走廊方向的步行路放射穿插的方式，形成人车分流。

（四）大学校园公共交通的发展

随着我国高校规模、人数的扩大，校内不同功能区的交通流线过长，超出步行的适宜距离。同时，私人小汽车加剧了混合交通的复杂性。为方便师生在校园内部出行和缓解校园交通，在解决好停车问题的同时，应采用集约化的公共交通方式，即校内巴士，如电动巴士、新能源巴士等，突出校园内部绿色交通、宁静交通的内涵。一些大学新校园因主要功能区间的通勤距离过长，无形中增加了师生的出行负担，因此很多高校已开通了公交系统。校内巴士方便了人员出行，同时减少校内的机动车行驶，实现了绿色、安全、和谐的目标。所以，大学校园内较适宜的交通组织方式应以步行交通为主，辅以自行车交通和校园公共交通，通过人、自行车、机动车局部或完全分流，以适应校园内机动车交通的发展。积极发展校园公交车及其他绿色环保车型，以建立良好的校园交通秩序，创造宜人的校园环境。

4.6.3 步行交通规划

步行系统包括可遮阳挡雨的条件、花园式的设施等，它的内部构成要素较多，根据功能不同可分为通行设施、服务设施和停留场所，即满足人的基本需求和行为心理需求，如步行中的观看、聆听与交谈等，由此引发步行空间多重含义的复合功能。大学校园的步行体系包括线性模式和步行区域，其中线性步行道路体系是大学校园中最常见、占比重相对较大的一种步行体系，步行区域是指校园内的分区乃至整个校园采用的步行交通模式。

对于规模较大的大学校园，在一定区域内如在教学区、中心区、宿舍区建立步行系统，可以减轻校园道路压力及增强行人安全性、疏散人流，促进人们之间的交流。扬·盖尔(Jan Gehl)在《交往与空间》中指出人对步行路线选择的特点，即人们都不愿绕道太多，如果可以看到目标，他们总是径直走向那里，人们在步行时都爱抄近道，只有当行走遇到较大困难时，才可能改变这种情况。为了追求大学校园行走路线的便捷,人们可以在室内外空间中交替运动或在各教学楼之间穿越。步行系统设计要注意与学生习惯的路线一致,避免步行系统缺乏便捷性。

(1) 步行交通网络。规划步行干道网络要结合校园总体规划和交通系统规划,它可以保证人们便捷地到达校园每个功能区域。区域内步行通道是建立在步行干道网络基础之上,指区域内部步行网络的组织。这个层次网络关注步行干道与区域内建筑的连接关系以及区域内建筑之间的连接关系。步行小径多分布在绿地当中并结合绿地景观来进行设计,它要满足人们休闲、放松等活动要求。此外,还要对交通空间进行优化设计,在确保其交通功能的同时,拓展交通空间在景观、休闲、集会等方面的功能,并有利于空间的集约利用等。

大学校园步行道路应根据交通特点、道路的尺度和形态来设计。从联系校园各区的主干道到各区内的主步行道及建筑间的联系道路、园林绿化间的小路等,应宽窄有至且尺度相宜。校园主步行道宜采用较直接的联系方法,并满足人流交通量的要求。笔直的道路使人视线集中且目的明确,有时可增加对景丰富视线。美国犹他大学的自由型道路亲切自然,人在行走时可感到空间的变化和建筑角度的转换,形成流畅变换、亲切生动的空间效果(图 4-33)。曲线及折线型的步行路景观是逐渐展开、步移景异,道路走向及沿路的空间构成形成了道路景观的重要方面。

图 4-33 美国犹他大学步行道及其景观设计

(图片来源:作者拍摄)

(2) 步行优先的原则。步行优先是指在人车共存的情况下,对机动车进行限制,给予行人以优先权。因步行和自行车方式在交通中处于弱势,因而规划管理中应予以照顾;同时,环境需要限制机动车辆,鼓励步行及自行车交通;在人行车行共存的情况下,对车辆予以一定限制。诸多老校园是处于人车共存情况下的道路。限制方法有可采用非直线化道路,单向通行或限定车速等。另外,从环保角度要改革交通模式可拓展步行、自行车以及其他等除汽车以外的交通方式,同时借助交通管理手段进行科学管理。

校园中可适当采用过街楼或步行天桥相连形成一套独立于外部街道的步行街,合理疏导人流,避免大量的人流交叉。在寒冷或降水丰富的地区应争取实现全天候化,因此常将街道室内化,加上玻璃顶棚与建筑物相结合,街道可延伸至室内,用建筑顶棚将街道覆盖,使建筑成为街道的一部分,师生可以在街道休闲交流。校园干道的景观空间设计的重点在于创造一种校园生活气息,通过人行道及建筑界面多样的设计,产生丰富的视觉感受。

(3) 步行区域交通组织。交通流线安排即确立场地基本的交通组织方式,它表达了场地内建筑、人、车运动的基本模式和轨迹。从场地环境结构的角度看,合理布置场地内的道路及广场是组织好场地内人流、车流的前提。场地内各部分交通流线性质差异较大时,要避免不同区域流线相互穿越干扰,步行区域规划之初就要重视区域外交通的容量与组织,避免造成新的交通问题,不同步行区域之间要有交往活动的互补性,创造不同区域间互相穿越的可能。同时,区域周边的停车位应保证充足,沿步行区的周边合理布置,这包括机动车位与自行车位的合理设置、临时停车位与停车位的设置。同时,注意沿环路设置的停车场宜布置在距校园中心区十分钟步距范围内。

4.6.4 步行景观设计

步行路地面铺装、照明设施及小品等特征及变化也是设计的重点,如林荫小道可铺以石板或卵石,形成曲径通幽的意境;还可在路边设咖啡饮用区提供更多的休憩、交往场所;道路边缘渗透空间与道路空间相通而又有一定的界定,不会破坏步行路的连续性,道路与周围的景观取得联系,比如水面、标志性建筑或自然景观的引入等,创造校园中丰富景观特征的“步行景观流线”。大学校园中的使用者主要是师生,他们的活动具有阵发性与定时定向的特点,校园交通的高峰值主要集中在早上、中午、下午以及课间休息这几个时间段内，形成定向的人流与车流。因此，步行道系统设计应以生活区为中心，考虑到各区之间的联系，根据活动规律来分析各功能之间人流、车流的具体路线，设置合理的步行道系统。

(1) 步行道路节点空间设计。从步行活动规律分析可知，人们的步行活动常伴随着交谈、休息、等候、观望等活动，因此步行路常是一种动滞相结合的空间，规划适宜形成适当的向心空间。这种空间可把道路空间局部扩大成节点，并在节点中可设置一些灰空间、台阶、走廊，使步行环境充满趣味性并应具备一定的活动支持，活动节点的设置有助于活跃步行路的气氛。

(2) 道路沿线的景观设计。校园内人的活动路线犹如主线，串联了不同的建筑空间和景观空间。例如美国耶鲁大学的校园道路联系和穿插着不同的空间，车行道与步行道之间采用景观带进行分隔和美化，层次丰富且环境宜人(图4-34)。校园中心的道路是景观环境最好的空间道路，把教学建筑、公共建筑、公共绿地、广场、水体等串联成有机的综合体。同时，可把校园路线当作游览路线来设计，好的景点须选择好观赏点位置和视距，流线布置主要需处理好空间和景观之间的关系。

图4-34　耶鲁大学校园内车行道与步行道的分隔

(图片来源:作者拍摄)

（3）自然景观和人文景观的融合。首先，要利用自然景观，校园中自然景观常被人造景观取代，大学校园中诸多与自然有关的要素未能有效利用。所以，校园中应尽量扩大保留现存自然环境，营造更多的自然景观，例如杭州师范大学将道路与湿地景观有机融合于一体，并融入人文景观。根据大学校园独特的历史，在进行步行空间的景观设计时，将这些历史的要素融入到景观当中，使大家在校园中徜徉时能接受到良好的历史熏陶。同时，体现教育意义即景观不仅使人们可以通过它了解历史，而且增加景观中有意义的知识性的内容启迪人的思想。

参考文献

[1] (奥)卡米洛·西特(Camillo Sitte)著. 仲德崑译. 城市建设艺术[M]. 北京：中国建筑工业出版社，1990.

[2] 张旭红. 东京大学本乡校园的成长和再开发[J]. 世界建筑，2006(3)：129-134.

[3] 蔡伟平. 汕头大学建筑形态的构成特征[J]. 华中建筑，1990，8(4)：10-12.

[4] 巫苹. 琦玉县立大学，琦玉县越谷市，日本[J]. 世界建筑，2001(12)：42-45.

[5] 王笑寒. 生长中的大学校园：大学校园弹性规划思想及方法探究[D]. 天津：天津大学，2005.

[6] 谭劲松，林琳，王屹. 苏州大学新校区公共教学楼创作实录[J]. 时代建筑，2006(4)：208-211.

[7] 冯刚. 中国当代大学校园规划设计分析：兼论组团式大学校园规划[D]. 天津：天津大学，2005.

[8] 范永娟. 校园低碳建筑的实施途径研究[J]. 环境教育，2011(2)：60-62.

[9] 戴志中，刘晋川，李鸿烈. 城市中介空间[M]. 南京：东南大学出版社，2003.

[10] 大师系列丛书编辑部. 伯纳德·屈米的作品与思想[M]. 北京：中国电力出版社，2006.

[11] (美)罗杰·特兰西克(Roger Trancik)著. 朱子瑜，张播，鹿勤，等译. 寻找失落空间：城市设计的理论[M]. 北京：中国建筑工业出版社，2008.

[12] (美)大卫·沃尔特斯(David Walters)，(美)琳达·路易丝·布朗(Linda Luise Brown)著. 张倩，邢晓春，潘春燕译. 设计先行：基于设计的社区规划[M]. 北京：中国建筑工业出版社，2006.

[13] 王丹. 中国高校教学建筑空间组织分析[D]. 上海：同济大学，2008.

[14] 汪丽君. 建筑类型学[M]. 天津：天津大学出版社，2005.

[15] (美)柯林·罗(Colin Rowe),(美)罗伯特·斯拉茨基(Robert Slutzky)著.金秋野,王又佳译.透明性[M].北京:中国建筑工业出版社,2008.
[16] 马非.城市肌理在福州旧城保护与更新中的应用研究[D].厦门:厦门大学,2006.
[17] 沈中伟,陈骁.基于类型学方法的大尺度校园开放空间场所塑造[J].南方建筑,2008(3):12-16.
[18] 任晋锋,吕斌.基于类型学方法的北京四合院的保护和再生[J].城市规划,2010,34(10):88-92.
[19] 戴德胜.寻求自然的回归:金陵科技学院和南京晓庄师范学院校园规划设计[J].规划师,2004,20(2):43-46.
[20] 黄瑛.城市中心区传统高校空间肌理演化研究:以南京大学鼓楼校区为例[J].江苏城市规划,2010(11):28-32.
[21] 粤宁.斯坦福大学(美国加州斯坦福)[J].世界建筑导报,2004,19(6):26-27.
[22] 方拥.藏山蕴海:北大建筑与园林[M].北京:北京大学出版社,2008.
[23] (瑞士)W.博奥席耶(W. Boesiger)编著.牛燕芳,程超译.勒·柯布西埃全集:第二卷(1929—1934)[M].北京:中国建筑工业出版社,2005.
[24] 丁晓红,胡海洪.浅谈廊在校园建筑设计中的运用[J].安徽建筑,2009,16(3):30-31.
[25] (日)芦原义信著.伊培桐译.外部空间设计[M].北京:中国建筑工业出版社,1985.
[26] 段进.城市空间发展论[M].南京:江苏科学技术出版社,1999.
[27] (美)米歇尔·沃尔德罗普(Mitchell Waldrop)著.陈玲译.复杂:诞生于秩序与混沌边缘的科学[M].北京:生活·读书·新知三联书店,1997.
[28] 王伯伟.校园规划的目标:增进集群的复杂性[C]//理想空间:个性化校园规划(2005,4).上海:同济大学出版社,2005.
[29] 鱼晓惠.城市空间的自组织发展与规划干预[J].城市问题,2011(8):42-45.
[30] 林嵘,张会明.探究建筑空间组织方式:论单元空间的重复与组合[J].建筑学报,2004(6):35-37.
[31] 钟祺,戴云倩,郑志.联系理论在新建大学校园外部空间结构中的应用[J].中外建筑,2016(6):60-63.
[32] (美)理查德·P.多贝尔.校园景观:功能·形式·实例[M].北京:中国水利水电出版社,知识产权出版社,2005.
[33] 钱辰伟.丹麦哥本哈根信息技术大学教学楼[J].城市建筑,2011(3):95-99.
[34] Richard P. Dober, Campus Design[M]. USA: John Wiley&Sons Inc,1992.
[35] (丹)扬·盖尔(Jan Gehl)著.欧阳文,徐哲文译.人性化的城市[M].北京:中国建筑

工业出版社,2010.

[36] 唐炎潮.界面的消解:基于场所的建筑生成方法研究[D].厦门:厦门大学,2006.

[37] 齐康.城市建筑[M].南京:东南大学出版社,2001.

[38] (澳)詹妮弗·泰勒著.马琴译.槙文彦的建筑:空间·城市·秩序和建造[M].北京:中国建筑工业出版社,2007.

[39] (英)爱德华·罗宾斯(Edward Robbins),(英)鲁道夫·埃尔-库利(Rodolphe El-Khourg)编著.熊国平,曹康,王晖译.塑造城市:历史·理论·城市设计[M].北京:中国建筑工业出版社,2010.

[40] 陈海浪,阳建强,曹新民.南京大学老校区的保护与发展[J].华中建筑,2008,26(8):116-121.

[41] 梁宝燕.环境与行为:大学校园步行系统建构研究[D].长沙:湖南大学,2007.

[42] 郭明卓,黄劲,张南宁.华南第一学府:中山大学[M].天津:天津大学出版社,2008.

[43] 倪慧,阳建强.东南大学老校区的保护与更新[J].新建筑,2008(1):97-101.

[44] (美)C.亚历山大(Christopher Alexander)等著.赵冰,刘小虎译.俄勒冈实验[M].北京:知识产权出版社,2002.

[45] 何镜堂,中国建筑学会建筑师分会教育建筑学术委员会,华南理工大学建筑设计研究院.当代大学校园规划与设计[M].北京:中国建筑工业出版社,2006.

[46] 赵家麟.校园规划的时空观:普林斯顿大学二百五十年校园发展的探讨与省思 1746—1996[M].台北:田园城市文化事业公司,1998.

[47] 金俊.理想景观:城市景观空间系统建构与整合设计[M].南京:东南大学出版社,2003.

[48] (美)埃德蒙·N.培根(Edmund N. Bacon)著.黄富厢,朱琪译.城市设计[M].北京:中国建筑工业出版社,2003.

[49] 叶徐夫.大学校园景观规划设计[M].北京:化学工业出版社,2014.

[50] (美)克莱尔·库伯·马库斯,(美)娜奥米·A·萨克斯著.刘技峰译.康复式景观:治愈系医疗花园和户外康复空间的循证设计方法[M].北京:电子工业出版社,2018.

[51] 江立敏.迈向世界一流大学:从校园规划与设计出发[M].北京:中国建筑工业出版社,2021.

第5章

大学校园场所系统与场所营造

5.1 大学校园典型场所系统

诺伯格-舒尔茨(C. Norberg-Schulz)曾说:“建筑空间不是抽象、无限的、等质的几何空间,而是行为的空间、心理的空间、场所的空间。”斯蒂文·霍尔(Steven Holl)说:“如果特定的秩序是外在的知觉,现象和经验则是内在的知觉,那么在构筑上当外在知觉和内在知觉达到高度融合的状态时,就产生了高于单纯前两者的第三种存在,即所谓的场所。”场所并非地点,它不是抽象的、物理的环境,更不是空间结构、功能分区、流线关系或它们的机械结合,它是基于环境的整体而形成的,包含了心理和体验,具有精神的内容。同时,重要且有决定意义的是,场所包含对基地本身的分析和思考。

5.1.1 对于场所的不同诠释

空间与场所不可分割,讨论场所自然也要讨论空间。场所有空间特性,而空间并不都具有场所性 。场所是一种对具体环境本质的抽象性描述,揭露出环境的意义及与人互动的深层关系,由具有物质的本质、形态、质感及颜色等具体物的总和决定一种空间环境的特性。空间并不等于场所,空间从社会文化、历史事件、人的活动及地域特定条件中获得文脉意义,从而形成人们为了发展自身和社会生活所需要的一种相对稳定的场所体系,即“场所精神”。场所的组成包含了实体空间、活动和含义。场所通过自身的语言信息与在其中活动的人进行信息交流,从而让人感受到场所特有的精神内涵。从校园的历史文脉、人的行为心理、空间的寓意象征等方面更深层次地诠释场所的主题，才能烘托出校园整体氛围。同时，中国大学应从地域的角度创造出具有“五观”的复杂环境系统，场所融入校园的生态观、经济观、科技观、社会观、文化观，从而构建自己的特色。凯文·林奇(Kevin Lynch)则从场所观视角提出评估空间形态设计的指标：场所活力要考虑生命的肌理、生态的要求和人类的能力支持。场所感受是空间形态应能感觉、辨识；场所的适宜性指对生活空间行为提供恰当的空间、通道与设施；场所可达性是居民对活动、资源、服务、信息或其他场所接触的能力与程度；场所管理是根据居民使用场所的程度，制定管理与控制策略；效率是创造和维护空间环境所付出的代价；公平性即空间中不同利益群体间的环境益处和代价分配关系。

场所的形态意义常被过分渲染，实际上活动、意义对营造场所感有同等重要的意义。现象学关注本质的研究，建筑具有那种将本质放回存在中的能力。大学校园在实地营造具体校园物质环境的同时，应重视地域文化、城市特色、人本理念和绿色发展等方面。因为它们才是校园非物质文化的基本载体，构成了包括校风、学风与内在的校园文化传承的主要空间场所，而不是过分讲究平面形式构图，忽视环境场所与校园特点的创造(图 5-1)。

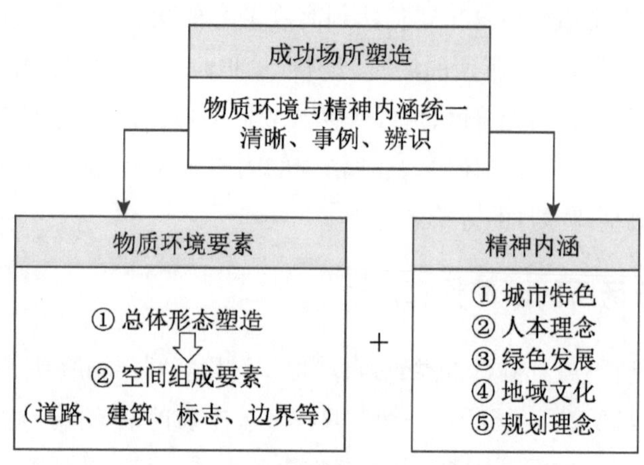

图 5-1　场所创作的方法论框架

(图片来源：作者自绘)

不同类型大学校园空间和场所系统的组成、内涵与特征不同。从场所理论的角度研究场所系统及公共空间，使校园成为满足高校发展需要、生态环境优美、彰显特色的复合体。尊重和保持场所精神并不意味着固守和重复原有的具体结构和特征，而是一种对历史的积极参与。在环境变迁中保持场所精神是种积极而富于创造性的活动，它意味着在新的条件下解释和体现已存在的场所精神。

5.1.2 大学校园场所系统构成

槙文彦认为，城市设计关心的问题就是在孤立的事物间建立可以理解的联系，也就是通过连接城市各个部分来创造出一个易于理解的极端巨大的城市整体。他提出了三种不同的形态：合成形态、巨构形态、组群形态。连接是隐含而不明显的，相对独立物体的位置和形状产生出相互作用的张力。在超大形态中，各个独立部分被整合进一个更大的、层级分明、开放并且互相联系的系统框架之中，空间连接组成一种结构。而在组群结构中，连接既不是隐含的也不是被强加的，而是作为一个有机生长结构中不可缺少的部分自然形成。

大学校园行为模式和空间需求多样性的特点决定单个外部空间形态较难满足主体需求。如某行为模式开展时，同类型的其他行为模式无法开展，即外部空间设计未创造多样化的行为空间。因此，将校园外部空间分级设置，使它们形成整体，保证其空间容量与学生活动相结合，校园规划布局形式更灵活，强调空间参与性。按社会活动、空间形态的复合程度，场所营造对象分三个层级，即单元、组团和场所系统。而场所营造则要从校园场所系统着眼，从单元着手，并建立起彼此间相互联系的网络，营造有特色、充满活力的校园（图5-2）。

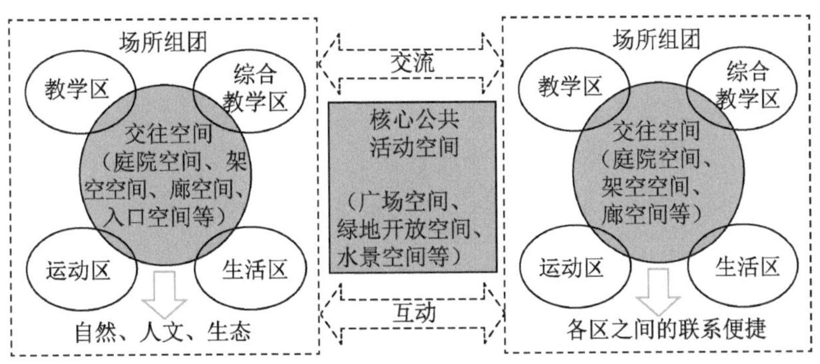

图5-2 校园场所系统典型构成分析

（图片来源：作者自绘）

（一）场所单元

场所单元为校园公共生活提供了最基本、最单纯的空间载体，它们是社会学习、个人发展、信息交流的平台，即可形成有凝聚力的空间感，它的基本属性是聚集。场所单元在形态上有点状结构和线状结构，点状结构是人们行进流线的焦点，可以是校园广场这一类宽阔的场所，也可能是建筑实体，如体育馆、文艺活动中心等；线状场所单元以校园街道为代表。无论何种形态，校园场所单元都可看作能形成可供停歇之所，人们希望在安全的气氛中以缓慢的速度行进且沿途有充满吸引力的景观要素、建筑风貌等呈现。场所是反映过去的时间，可回忆的场景越多则说明对场所的情感也越多。

现代大学校园学生数及用地规模较大，会导致部分功能区间距过大，出现学生在日常的出行过程中交通时间过长、瞬时交通流量大、部分设施使用困难等问题。传统的大学校园功能布局方式是将教学区、综合教学区、生活区、运动区等各功能区相对独立布置，布局分开且各功能区交通流线长。引用组团型的校园功能布局模式，可以加强组团学习、生活、运动等功能配置的完整性和混合性，使交通更加便捷。组团主要指校园中局部相对独立，具有自身完整结构的小建筑群，组团之间围合所形成的外部空间，各空间被赋予不同的空间氛围来展现多样化的行为场景，以分担校园中的不同功能。场所组团是由建筑和开放空间复合而成的一种集群结构，其间包含了公共性活动和私密性的活动，因此更接近于生活的真实状态，与场所单元相比，场所组团具有社区特征且社会功能更复杂。

（二）校园的场所系统

在当今用地较为紧张的校园中经常采用超大的组合形态，它以一个非人性的尺度来创造自身的环境。该巨构形式是指结构组织被连接在构架上，此构架是个等级明确、开放、空间联系强烈的系统。在我国历史性校园中较为常见，以南京的南京大学、东南大学、南京师范大学的老校园为例，由于历时性较长，所以空间形态合成比较明显，合成形态是典型的功能主义的规划手法。大学校园组群形态是指建筑物沿着公共开放空间体系逐渐聚集且联系自然而有机的形态。单个建筑可以被增减而不改变其结构，同时在各组团之间还存在着以下特点：功能单元的相似性、肌理的连续统一、对人体尺度的尊重等，把各单元有机地联系在一起，组团结构反映出内部与外部空间要素间的交流沟通方式。

场所系统是场所组团的集合，它在形式与内容上更丰富，人们对校园生活的大多数体验都与之直接相关。多样性和活力是其基本特征，是成功的大学校园所应具备的品质，其多样化功能造就了充满生机的步行活动和交往环境。只有场所系统与校园同质建筑之间处于易调和的关系中，公共空间才能被看成是建筑空间的自然延伸，并且建筑实体形式也是公共领域成为符合人行尺度、内容丰富、可把握的整体空间形态的重要部分。从形态上讲，场所系统是种网络结构，它包括交通系统和基础设施及支持各使用功能的秩序化开放空间等，网络结构中也包含私密、半私密的空间与活动；各种路径形成了场所系统的基础网络，它们容纳了活动空间和社会空间的重叠领域，即那些支持、允许和促进社会、文化交往和公共生活的空间，是场所营造关注的重点。场所系统要将不同区块有效地联结成有活力的网络，才能创造有活力的、整体的场所系统。首先要结构清晰且相对独立。不同功能、类型的校园建筑要关系明确，各组团间又有相互联系且彼此融合。相对独立的学科组团形成大学肌体的单位，交通纽带可将联结于其上的教学单元根据需要合理增减，不影响校园整体功能和空间构图；各教学组团可分期建设及分批使用，校园始终相对完整。其次空间宜人且关系和谐。建筑群体组织的空间尺度要基于公共活动而考虑，即各组成要素之间要形成整体氛围。组团式结构布局在平面设计上有较大的灵活性；校园还可以服务于城市并供市民休闲、运动等。此外，坚持绿色校园建设和生态优先。大学的规划和设计要体现生态理念和表达绿色节能的思想，在实现其基本教育功能的基础上，要以可持续发展理论为导向。例如，美国乔治城大学各功能区结合绿地空间等形成良好的局部微气候且便于学生交流，大学建筑还积极利用太阳能这一可再生能源来节约能源消耗(图 5-3、5-4)。所以大学校园规划要在全寿命周期内最大限度地节约资源(节能、节水、节材、节地)、保护环境和减少污染，为师生提供健康、适用、高效的环境体系，建设与自然环境和谐共生的校园。

5.1.3 大学校园场所结构组织

大学校园建筑组团充分体现“以人为本、资源共享”的设计理念，也体现了建设面向 21 世纪的现代化、生态型、可持续发展的长远规划思想；高度共享和充分利用城市公共资源，同时校园的体育设施、商业服务等又能服务于城市，两者形

图 5-3　美国乔治城大学鸟瞰图

（图片来源：作者翻拍于校园宣传资料）

图 5-4　美国乔治城大学建筑太阳能利用

（图片来源：作者拍摄）

成互动，令校园的发展具有可持续性和灵活性。各教学系统可以分期建设，分批投入使用，先建设主干部分后分期建设各单元或组团，让校园保持相对完整。结构布局要兼顾设计过程中的共性和个性，体现校园建筑应有的文化特质。不同风格的建筑设计还可使不同组团获得明确的可识别性以及为未来发展提供更大可能并充分利用好自然条件，因为大学建设始终是动态、有机的发展过程。

南京某旅游学院新校区校园规划设计方案突出园区江南水乡的特色，结合

图5-5 南京某旅游学院新校区校园规划设计方案鸟瞰图

（图片来源：作者参与主持设计项目的自绘图）

地形地貌，科学规划功能分区。通过利用现有水系形成收放有序的生态水系，营造“园因水而生”的景观格局，寄情于景、情景交融；校园建筑以庭院式布局环水而建，以园林化的形态及融入自然的理念，形成多组与自然相结合、有多层次园林空间的亲水建筑群(图5-5)。

美国加州大学伯克利分校未开发的生态保护区——草莓峡谷园区规划，以保护生物多样性和原始生态环境为前提形成规划特色。周边建筑以轻松曲折的景观步行道构成规划骨架，体现了融于自然、和谐共处的理念(图5-6)。

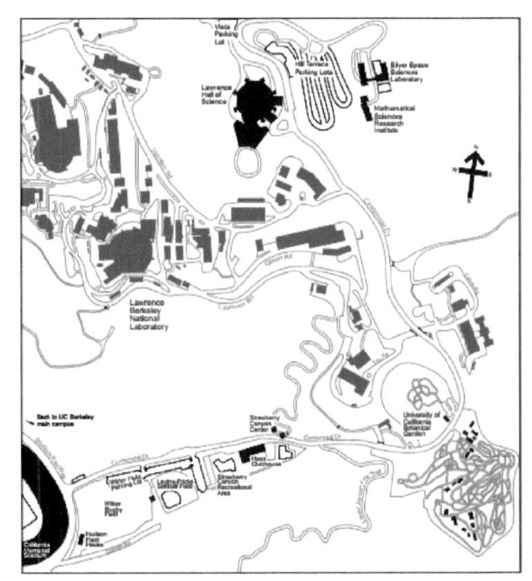

图5-6 美国加州大学伯克利分校的草莓峡谷园区平面示意图

（图片来源：美国加州大学伯克利分校官网）

5.2 大学校园场所营造方法与案例解析

文脉理论是一种哲学观和方法论，它可用来阅读和分析场所的环境，也可用来指导场地规划的创造实践。由于个性是事物内在根据(隐性形态)与外部特征(显性形态)的统一体，故而个性空间的创造可以从两方面着手：隐性形态的个性塑造与显性形态的个性塑造。场所精神是场所的特性和意义，即环境特征集中和概括化的体现，是人的意识和行动在参与过程中获得的场所感。

5.2.1 场所营造是设计本质

场所可用不同的方式加以诠释，透过自发性经验的整体性呈现出来，最后经过对空间及特性的观点分析，犹如一个结构世界。事实上保护和保存场所精神意味以新的历史脉络将场所本质具体化，因此校园场所包含了具有各种不同变异的特质。我国台湾地区的黄世孟教授提出了校园场所的硬件与软件的关系，即场所意义是具有可阅读特性，它本质内涵存在故事性。由于校园规划的本质具有创造校园故事的作用，创造校园故事的前提条件是校园必须可以阅读。可阅读的校园通过“场所营造”整合“场所赋意”来实践。场所营造系指创造或建造一处场所，实体元素包括规划与使用的土地、交通网络系统、建筑区位配置、校园实质环境、校园基础设施等。

在空间和时间的维度上，场所互动的表达都与场所存在密切的动态双向关系。它的表现方式因根植于不同地域背景而呈现出不同的场所形态，其关注包括地理气候、文化传统及场所的独特性等，因而使场所积淀蕴含的精神得以继承和延续。人们对周围环境的心理和经历联系主要表现为感知和认同两个阶段。感知就是人们在空间环境中确定自己的位置，建立自身与周围环境的相互位置关系；认同是在明确认识和理解空间环境的特征和气氛的基础上，确定自己的空间归属，即与环境密切联系。感知是感觉并认知，人和空间的关系。认同就是分析和评价环境质量。

(一) 空间组织——内在本质与外在形式的协调

功能与形态相辅相成是规划出优秀的校园空间形态的基础。形态是设计的基础，意义借此符号进行表达。大学校园环境空间的语汇，由建筑、景观或设施的色彩、材料、尺度等组成，提供给空间使用者理解、辨识，属于塑形范畴。而校园主体风格的抽象空间语言表达出校园的主体象征、事迹、历史等空间意涵，如文化、生态等含义，让活动行为和心理认知产生归属感。

大学校园环境空间的规划设计要反映场所的功能需求、文化意图及空间逻辑结构等，让使用者，透过空间配置掌握移动的逻辑。由所透射出的语汇，进一步对空间形成的性格产生辨识与记忆等反应，让所产生的活动、行为和认知具有方向、逻辑与归属等感知。大学校园所表达的空间内涵要将建筑形态、空间布局、社会职能、心理感受等相结合。大学校园设计要关注内在本质与外在形式的一致性，要科学地理解人与空间环境的关系，而设计的精髓则是要吸引人们感知文化空间及领略其传达的信息。

(二) 行为组织——可阅读的大学校园场所的展现

大学落实'可阅读的校园'规划理念，应珍惜与其相关的人文、历史、社会、产业、环境、土地或建筑物的任何信息，在校园规划与建设方案中，创造各种机会落实可持续大学并推展绿色建筑的具体成果，使大学新校园产生许多动人的角落与故事。经长期累积将这些执行经验更深植于全校师生的心智习惯中；将优秀的经验与技术推展在计划的执行过程中；系统化、科学化统合于校园建设，甚至校园文化中。大学校园时间组织要反映并影响在时间中发生的不同行为、事件。环境空间应提供明确、充足的空间设施种类以各种支撑空间活动，支持并呼应空间中可能产生的活动行为类型，形成高质量的经验认知。

大学校园场所的塑造是个综合的过程，空间要具有多种用途，才能满足人的不同生活和情感需要，只有在校园内提供充足的空间容量，才会有更多类型的生活体验，以重新演绎地方传统构筑方式、提取地域和传统符号等方式。再现地域记忆场所正是通过自身的语言与其中活动的人进行信息交流的。

场所感是作为人的一种主观体验。在校园发展进程中，人的心理形成了许多能对外部客观世界产生主观体验的心理结构。当外部世界的物质形成某种文脉或文化的结构序列时，映射到人的心灵世界，就能引发某种情感体验。外部的文脉结构与内部的心理结构能形成一种相对固定的映射，人的精神动机、内部的心理结构有着其外显的内涵和潜在内容。

(三) 时间组织——丰富的历史文化积淀

大学不同于一般的建筑群，它具有独特的文化积淀和人文内涵。大学历经多年发展而积累下来的文化基础，远非几栋崭新的大楼所能替代，因此无论是老校改建还是新建校园，都必须注重校园历史文脉的延续。校园中的标志性建筑和构筑物都会给校园空间带来故事化的效果，有的甚至成为点睛之笔，即通过视觉感受形成能辨识和记忆的意象性空间。每个校园都有着其独特的文化、自身的特性、私有的记忆，但老校园都蕴含历史的积淀，人们重视的是建筑空间的功能及体验，而非建筑物形体本身，这要求校园保护要关注三维空间环境特征，将建筑单体纳入校园、街道等物质要素的空间组合与形态关系中进行深入探究。对于新建建筑的设计，可以通过解读所在基地的肌理，以东南大学为例，将新建筑织补进原有的肌理当中，形成校园的空间脉络、延续特色，重建校园及周边地区的形态与空间秩序，尤其是在新、旧街区的过渡地带（图 5-7）。

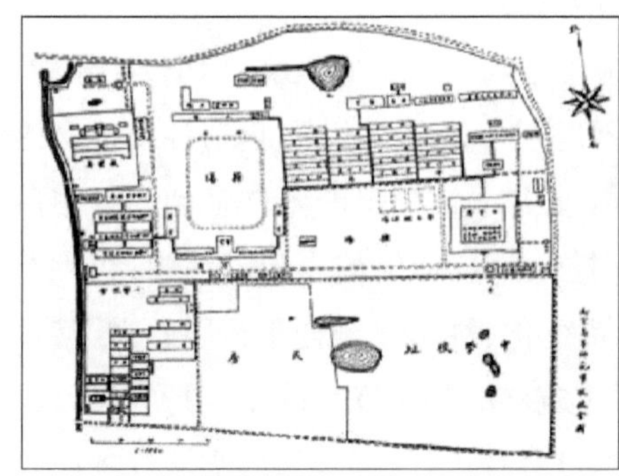

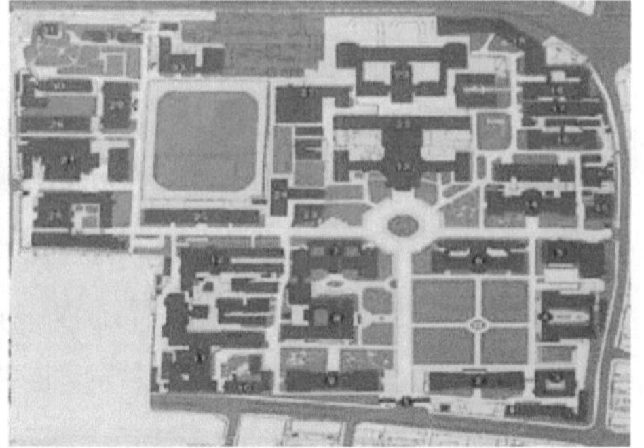

图 5-7　东南大学四牌楼校区不同时期校园空间对比示意

（图片来源：东南大学官网）

（四）场景组织——扩展校园场所内涵

大学校园场景组织可通过有交流属性的符号、材料等，来反映自身意义。校园传统意境的延伸能发挥其潜在的教化作用，培养师生的修养与品质。在规划设计过程中要多一些融合；同时开放化的校园中，让师生交流、社会活动更易开展且强调个性灵活，尊重场所精神并不照搬旧模式，而是意味着肯定场所的认同性并以新的方式加以诠释。校园文化与生活方式的演变在校园发展中推动着场所内涵不断发展，空间的公共性进一步增强，提升了精神凝聚与交往引导的作用。因此，对于校园环境的更新发展，空间实体的保护只是浅层手段，重点应在于分析空间特性和扩展场所内涵，赋予场所时代意义与活动内容。

诺伯格·舒尔茨在《场所精神:走向日常的建筑学》中指出,场所不是抽象的地点,它是由具体事物组成的整体,事物的集合决定了环境特征。因此场所是质量上的整体环境,人们不应该将整体场所简化为所谓的空间关系、功能、结构组织等各种抽象的分析范畴。

大学校园强调适度发展与有序的整合。为创造大学校园环境自身特色,校园建筑的创作和设计应在硬环境上建构群体秩序并完善单体形态,在软环境上传承校园文化并追求适度创新。有序则强调整合过程的计划性与科学性,有机更新是基于历史文脉的校园空间不断创造和变化的创新行为,是留出空间组织空间并进一步创造空间的过程;整合是对既有事物的重组、休整与完善;从连续性而言,对旧校园环境良性整合修补要比重建有益。校园空间提炼和校园品质的提升是关键,所以要充分理解和体会环境空间本身的特色和规律,研究其更新和发展。其次,在共享空间的重构中,探索和融合历史环境中的空间组织规律。大学校园空间品质的提升要自然地将景观意蕴和文化故事编织到规划设计之中,让历史积淀、自然情趣与现代校园的学术氛围共生,开拓新型社会及有益于人际交流的环境、学生自我思索的环境。

校园设计追求是空间环境的整体目标和价值,规划设计必须与建设管理相结合,实现对整体环境品质连续性的控制和指引,尤其对有历史的大学校园,设计过程是重建传统校园肌理和公共空间的过程。对多变的校园形态和空间环境,设计的实质不是追求一个终极蓝图,而是寻求一个政策框架,并在设计层面上解决校园组织构造各要素之间的联系。大学校园设计者只有具备整体性思维,将设计纳入校园一定的区段、区域以及整体性环境中,才能通过恰当的方式来诠释场所与环境的重要性,提炼校园空间。大学校园的更新要努力构建内外一体的开放空间体系,充分利用校园周边景观资源,通过校园建筑与空间的组织形成良好的空间系统,优先将校内具有生态资源的空间与城市生态系统建立联系。

5.2.2 俄勒冈实验启示

C. 亚历山大和其助手们提出一套基于模式语言的设计方法,试图使非专业使用者群体运用一种从过去大量实践中总结出来的模式语言,来表达他们对空间场所的需求和大致的设计,进而与规划师、建筑师合作完成其设计和建造。此方法重视使用者需求，真正做到以人为本地进行规划设计。

（一）俄勒冈实验的启示

亚历山大结合俄勒冈大学的校园规划，发展出一套校园的规划设计方法，即著名的“俄勒冈实验”，它有六条原则：分片式发展原则是坚持规模的渐进发展，建设过程不断修正且逐步完善；模式原则是所有设计和营造都在被社区所公认的一系列模式下进行；有机秩序原则是以由局部行为逐渐形成整体过程指导规划和建设，追求局部和整体需求相互影响的一种发展秩序；参与原则强调要实现一种发展秩序，每项决定都要通过协商的方式，须要有使用者参与；诊断原则是在发展过程中对已建成环境做出必要的评价且找出问题，以便今后逐步改进，理顺各局部间的关系以形成整体秩序；协调原则强调一种协商的方式，确定项目的先后顺序和资金分配以及建设方案，保证校园在有机秩序下健康发展。

（二）大学校园公众参与机制

大学设计者需要通过对场所科学分析，从地形地貌、周边环境、地域文化、民族风情、功能要求等各种限定要素中，寻找对设计起决定性的关键因素，以此作为设计的突破口，理性分析、升华、提纯，转化为特定的场所表达。此外，要塑造开放空间的场所性，从物质、心理和社会等方面最大限度地为使用者创造优越的条件，研究使用者的生理、心理、行为的要求，让环境更宜人。有活力的场所常是形式内容多样化、富有情趣且内涵独特、景色优美、活动支持充分的，这使校园环境具有较强的吸引力。

将校园建设视为一个可持续发展的过程，让大学校园相关利益群体共同参与、决策和管理的过程中，在专家的引导和协助下共同制定控制性的原则、条例，提出详尽的说明和建议，避免错误决策，根据不同时期的实际需要不断提出的局部项目取代僵化的蓝图。设计者在校园空间设计中是组织者、指挥者，这首先要求他们有相关领域的专业知识，协调好各要素之间的关系；其次，要了解使用者的真正需要，空间的使用者在空间进行活动，要创造以人为本的空间环境。互动性的主要内容就是公众参与，赋予公众更多的参与权和决策权，保证使用者和设计者之间的双向交流，提高空间环境的有效性与设计的完善性。

场所设计中不可忽视的重要因素是活动支持，要求使用者思想交流、文化共享等，需要环境能积极地反映各种行为意识并给予充分支持，进一步增强场所活力。在设计过程中引入互动设计思想，即设计者、开放空间、使用者三者互动使设计过程形成良性循环，将有助于校园空间的整体建设以及帮助设计者探索新的设计方法和理论。作为设计者要了解建成环境是否满足师生需要并从反馈信息中得到经验，更好应用到以后的设计中。这一思想倡导校园空间规划与设计的各要素间的沟通、尊重，使校园空间和谐发展。

5.2.3 当今大学校园设计的思考

大学校园空间形态的系统设计表现在其空间各构成要素间的有机关系上包括物质形态和人文精神形态的有机结合。校园形态的发展是漫长的历史过程，每次的校园建设必须尊重校园原有的形态格局，它的发展要反映历史的传承性、整体的和谐性。校园的局部设计不能只考虑局部利益，要明确它只是校园综合设计中的一个环节，校园每一次增长建设活动都应以使校园完整为目标，所以每一次新的建设行为须创造连续的结构。

（一）以系统的设计观指导校园规划和建设

我国传统大学校园的改造及旧建筑利用的发展潜力巨大，充分挖掘老校园的潜力且不应忽视老校园的未来发展，关注物质空间形态和人文环境两个方面，以相关的设计理论为依托，提高老校园的环境质量，尊重文脉、历史、积淀文化深度，真正提高校园环境质量以及人文空间环境的构成，才是产生良好校园规划设计的方法。大学校园应以系统的思维来考虑校园格局的整体性，大学建设要以人为本，校园系统设计的过程是多因素共同作用的综合过程。

系统设计是一种设计观念和方法，它将校园空间设计作为主要研究对象，意在突破传统的工作模式，关注校园与周边的互动对话关系，内部、外部空间的连续性和有机融合。建筑师作为校园的直接设计者，应试图在多元化的思想、多样化的设计方法背后，找到具有导向性的、可以遵循的标准实现殊途同归，用不同的风格、理念，创造出形态良好的校园空间。校园理想形态的创造关键在于把握它的特殊品质，呼唤大学校园人性尺度和文化空间的回归。因此，单体建筑形象要擅于利用场所情景及场所中人们的活动及空间的转换。同时，利用体量、尺度、比例、色彩、空间等建筑语言；确保单体建筑与总体规划的协调以及与周边环境融合，体现校园空间的多样性、层次性、地域性和文化性，以实现校园人、空间、自然的对话关系。

（二）大学校园的设计政策的思考和探索

大学校园场所的营造仅靠“总体规划”或是“控制性详细规划”作为管理决策的依据是不够的，还需要通过主动式与被动式场所营造的途径，制定体系化的设计政策，确保从总体到局部落实场所营造的理念，每一决策都要能考虑更大的文脉环境，并重视校园的活力和特征。造就高质量的校园场所系统要有战略性的控制和技术性的引导，以及体系化的大学校园设计政策引导与控制。在高校的发展过程中，由于办学的规模和条件及人数的调整，校园的总体规划要随着现状建设和外部条件及校园周边的需求进行及时地回应。

（1）校园设计的可生长性。校园规划要考虑现实要求及兼顾未来的可持续发展。弹性化校园规划应具有弹性，能满足未来发展；校园应拥有清晰的规划结构，在发展同时能始终保持原有的规划意念。用地划分要充分考虑校园及学科发展需求且留有足够余地；交通规划要形成可生长型路网，使流线结构与整体校园布局相吻合，将校园作为城市的组成部分纳入整体发展格局和规划肌理中。

（2）校园设计内涵的拓展。我国大多数校园设计依托于现有的空间结构来进行，那么设计前对校园的分析研究就成为设计的前提。如果说校园设计的本质是对体形环境所进行的设计，那么在其应用发展的过程中，内涵需进一步丰富，其重点转向设计和控制指引校园空间发展的进程中。校园设计从单一的空间设计扩大到校园发展全过程的决策中，涵盖建设校园的物质空间、改造的公共方针与策略、师生增长与近远期目标体系的建立。

（3）提高校园设计的实践水平。校园与城市是有机复合体，要避免周边环境对校园整体风貌的破坏。对现有的校园空间结构进行合理保护，对不合理之处进行必要的调整；具有浓厚的历史价值和广泛社会影响的建筑应采取保护、原样修复的方法；有一定的历史和艺术价值且不能以原有功能使用的建筑可采用保护与更新相结合的方式。高水平的校园设计应将复杂、多样的校园生活纳入物化环境和城市空间，创造出真实的、充满活力的交流场所。高品质的校园场所系统是不断演进的过程，确保校园设计的质量是每阶段设计与开发进程的关键。

（4）理性规划与动态的调节机制。现代大学是不断生长变化的有机体，美国的校园规划非常注重对控制性原则和指标的确定，尤其是历时长、规模大的校园。在科学理性的基础上，确定校园的土地利用和分区规划，制定校园规划和建筑的指导准则,使今后各阶段的建设都能遵循长期性和普遍性的原则。

有机生长的适应性弹性机制:为克服校园规划设计中弹性不足的问题,应在发展过程中对已建成的空间环境做出必要评价,并找出其中的问题,以便今后逐步改进。从整体上使因分片式发展所带来的矛盾和问题及时解决,理顺各局部之间的关系,以形成整体秩序满足内部教育科研功能要求及外部空间环境质量品质的营造,创造富有生命活力的弹性空间适应机制。

多样化空间与功能组合:由于校园的建设量大、投资大、人流量大、功能空间较复杂,对师生教学和交往、空间形象、景观环境等有着重要影响,尤其是在城市内部的大学校园面积有限,它所涵盖的多样化空间及其功能的复合和组织方式都有助于营造丰富各异的校园空间形态,研究这些规律对于城市的发展及校园空间的地域特色都具有重要意义。

集约化与复合化设计模式:在学科联系的不断扩大和对空间模式及使用要求不断提高的新形势下,在利用有限资金、土地等进行集约化校园规划的建筑综合体模式非常重要。复合化在空间上有效整合了共享设施及人力等各项资源,同时对大学校园地域文化秉承和教育创新有着启发意义。

5.2.4 大学校园规划案例解析

本节通过对特定地域的校园设计案例的分析、比较、研究,在实践中探索和检验适合我国现阶段的大学校园规划设计途径和方法。以青岛理工大学新校区规划设计方案为例进行探究,从城市结构来看,青岛的建筑群大都利用城市的自然地形,凭借天然的海岸线和山地构造,巧妙组织道路和建筑布局,与周围环境相配合并协调一致,融为一体。青岛的黄墙、绿树、红瓦、碧海、蓝天表达着人工与自然的和谐统一且独具特色;城市文化在建筑上还包容着不同时期的文化潮流,呈现多样性的建筑风格。依托于青岛的地域文化背景,青岛理工大学的校园建筑历经多年的持续建设和发展,新校区应反映不同时期的建筑文化取向,形成如今多元、多向的整体建筑风貌。

(一) 城市文化和地域特色的秉承

(1) 大学校园建构文化的创新。设计方案力求建筑空间自然呈现,体现青岛地域特色的真实表情。它不仅是建造结构、材料、技术手段的逻辑表达,更是一种具有可读性和共鸣性的建筑文化体验。作为一种文化现象,建筑要与所处的地域和场所产生联系，用心提炼地域环境的深层内涵，遵循场所特征，赋予建筑创作的制约条件，以恰当的、与时代语境相一致的建筑形式，实现当代地域性建筑创作的特征转变。这在探求建筑创作多元化的今天，具有积极的实践意义。在建筑形态和空间组织方面，方案尝试以现代空间隐喻的方式从空间氛围、景观特色、构筑方式和营建材料出发，回溯文化传统，呼应地方自然环境，不是简单地复制传统风格，而是通过不同尺度的院、庭、廊序列空间和景观的组织，融入对传统历史文化的理解与重构，获得社会心理上的认同感和归属感。此外，通过设置连廊、架空层及室内外过渡空间等，为师生提供不同层次的共享、交流空间。图文中心、教学楼、实验楼、宿舍楼等均在通用化、可变性设计的基础上，加大了各类休息活动空间的比例，创造出便捷舒适的交流和交往空间环境。

（2）可阅读的大学校园空间。对于新校园设计所要达到的目标，校方不希望设计出的校园只是全新的建筑群而没有原有校园文化的延续，而是期待通过新校区的规划设计体现出学校的特点、城市的特色，结合周边良好的自然条件营造出风景优美的山水校园。在踏勘场地的特征和解读老校园历史文化的同时，力求能挖掘出场所的生命力及内在秩序。空间经由场所而被赋予内涵和意义，通过对校园空间的结构布局形态与自然和历史要素的解读以及用建筑语言对场所感的相关诠释，提升校园品质。校园被营造成满足使用者需要的、与时代和文脉相关联的、富有多元意义的场所。同时，对周边的城市设计做出贡献，通过对特定的地域性、文化性、与环境的整合、技术的表达等使得校园让人们可以阅读。

（3）校园文化隐喻和与场所的归属感。一所学校应当具有文化性，延续学校的人文精神；具有包容性，体现出学校广阔的学术视野；具有时代性，赋予时代的精神。遵循这样的理念，在设计中针对用地现状，提取的文化因子贯穿于新校区的规划设计中，并且将文化脉络重新植入这片土地，强调场所精神的再生，通过景观设计形成校园文化，找寻新校区中的场所归属感。

（二）校园公共空间系统及资源共享

从空间场所探寻校园本质。从现象把握本质的哲学过程，是对校园空间意义的感知，或是顺应校园规律塑造新的校园空间形象化过程的关键所在。场所精神是大学的灵魂，校园的物质环境是精神环境的载体。场所精神是校园中群体或个体的思想、行为以及教育理念的升华，是大学精神发生、发扬、传承的基础。校园整体环境塑造以原生的自然环境为主，将组团式的建筑群体融于自然环境之中，以期能达到建筑与环境的最佳融合。

青岛理工大学新校区设计方案充分考虑了其在黄岛的独特位置，将传统的分区逐步弱化，使土地呈现复杂化、综合化的使用性能。大学对社会的开放必然导致校园交通体系的变化，形成其特有的公共空间系统，即在空间层次上提供多层面的交往空间，形成一个高效联系的开放体系。校园建筑依靠内部各功能的协调平衡、相互促进，使其功能效应与经济效益得以更好地发挥，形成教学与交往、娱乐与休闲、研究与智慧型研讨空间等功能区交织的特点，在某种程度上克服了局限性，创造出更优越的整体功能，同时系统内整体与局部组成有机整体，使系统得以优化，空间更丰富、利用更高校、布局更人性化，形成各组成部分优化组合的有机体，为现代校园生活提供各种空间和交往场所。

校园环境可视为有机的小城市，各有机体之间应体现出整体性、引导性、和谐性，起承转合、张弛有度。青岛理工大学的规划采用"集约模式"，包括：① 多元群构模式，大学校园与城市的空间集约发展策略，即适度群构的校园聚落；② 资源协调模式，大学校园与城市的资源集约发展策略，即资源协调的校园聚落；③ 互动共生模式，大学校园与城市的互动集约发展策略，即与经济、文化共享互补的校园聚落。城市设计的理念和手法在校园规划中得以充分体现。

(1) 多元群构模式：空间肌理和图底关系建构在校园肌理中，类似性质的建筑形成组团并连成有机的三维生长体。在三维竖向中，建筑群体通过不同标高的台地与基地连为一体。校园空间肌理的生成过程在某种程度上是空间肌理要素的连接过程。当然这种要素的连接，并非简单意义上的拼接和混合，而是结合有机生长理论，遵从相互协调的原则，进而形成校园肌理要素的连接和合理组织。校园肌理要素通过许多不同方式强有力地连接，它依赖于要素的形状、位置和功能，与此同时要素在视觉上、几何上、结构上和功能上互相增强，移除任何组成要素都会破坏此整体。设计中的不同模块在大尺度上建立了最优连接，在校园肌理的合理组织中尊重每一个模块和要素，才能强化要素之间的连接而不改变模块的内部结构。

规划利用原有地表径流和山体，营造成以连续的生态脉络为骨架的公园，使优美的山水景观成为校园环境的核心。设计关注校园的生活空间和人文环境，以整体空间环境营造为目标，建构一个立体的、多层次结构的、可参与性的系统空间。在校园群体建筑设计中，将外部空间作为重点，根据建筑与其形成的图底关系，分析其围合的形态和联系及连续性。同时，与人的活动紧密结合，通过活动主体的参与性，使内外空间相结合共同贡献于整体环境。校园公共交往空间以多层次、多场所呈现多元化、立体化为趋势，重视外部活动空间、建筑空间、景观空间的多样化配套融合，使群体建筑外部空间与其周边互动共生。通过设计方法创造新的空间几何系统，将新建筑和散在的特殊元素全部兼收并蓄(图 5-8)。空间是校园体验的媒介，设计为师生提供了公共、半公共和私人领域之间的序列。空间实与虚的明确性和差异构成了校园的肌理，并且建立了场所间的空间序列和视觉导向。图底研究揭示了空间虚实组合方式下的校园空间形态，它由建筑的形状和位置、地段要素的设计以及交通路线等要素决定，组合

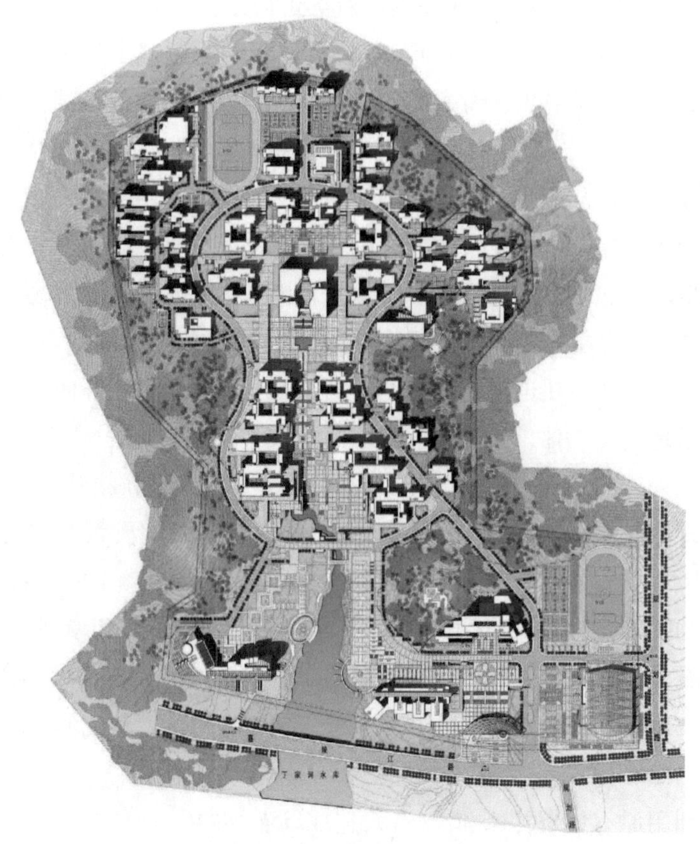

图 5-8　青岛理工大学总平面规划设计方案

(图片来源：作者参与主持设计项目的自绘图)

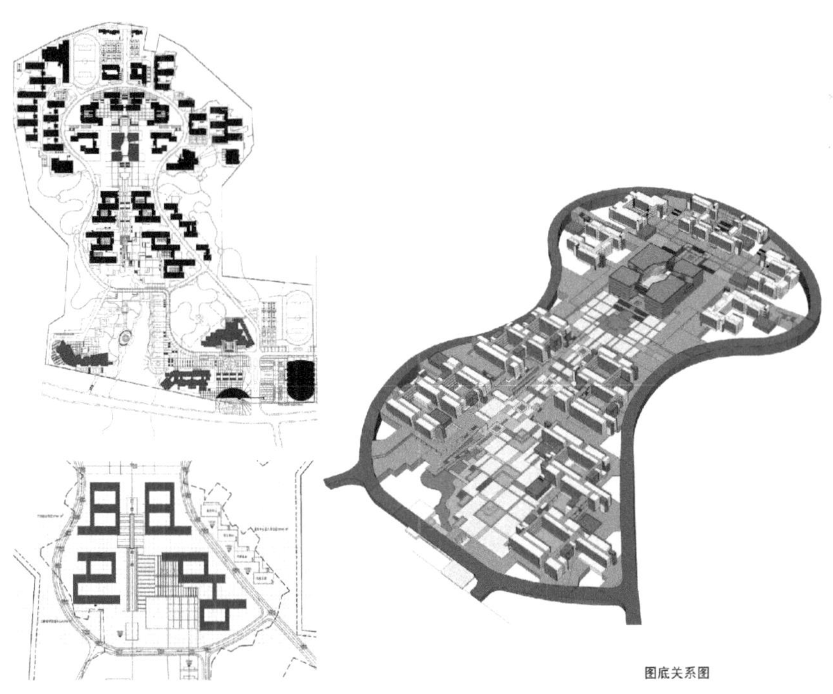

图 5-9 空间组合关系与图底关系

（图片来源：作者参与主持设计项目的自绘图）

方式多样（图 5-9）。设计中的图是建筑实体，即以节点建筑形成“品”字形的标志性控制点，建筑形态上注重变化，强调引导性。以母题的设计手法排布较大规模建设量的教学楼和宿舍楼，形成校园的空间肌理。底是空间虚体，即校园建筑门厅、建筑间的空地、街道和广场网络及开敞空间系统。疏密有致的图底关系可反映出相同或相似功能块的集聚效应，对周边环境的渗透效应，以及对土地使用的节约效应。通过图底关系可知，校园的空间虚体从建筑实体中分离并融入其中，提供功能和视觉的延续，才能创造两者融合的和谐校园。

（2）资源协调模式应用：场所营造的整体策略。新校园规划以人为本，即以活动者的行为、心理尺度为基本准则。在选择校园建筑的朝向、层数以及在具体单体的平面布局方面上，避免因形象、技术性指标的需要而忽视活动者的需要。人体工程学、环境行为学成为组织功能和设计的准绳。建筑设计要在对场所充分解读的基础上，做出积极的回应。场所性要求建筑是生长于其所处的环境中的，能回应其所处环境中的多个要素（诸如地形地貌、地理气候、文化背景等）的特性。因为场所存在的根本是人的体验，所以回应里要充分考虑到建筑使用者的行为模式，营造有意义的空间才是场所营造的灵魂。设计以尊重和发挥建设地形现状价值为出发点，重在营造整体场所价值和树立新的物质空间秩序。在总体设计策略的指导下，核心区域的空间标志性需求集中依托在了个别本身具有很高功能意义和大学校园文化代表性的单体建筑上。在优美的环境中建造校园，不在于建筑和空间结构的刻意表现，而是对现有自然条件的吸收和利用，使之成为与校园生活密切相关的要素和结构脉络。因此，规划构思的重点是建构一个环境网络，即以现状为基础，保留和利用原有水系，在校园中心区域构建规划中的水网系统，将建筑组群与自然地形、绿化脉络有机融合，营造校园优质的场所系统。

(3) 互动共生模式应用：动态的调节机制。校园建筑环境设计是由校园规划和单体设计两部分组成的。从现代校园建设过程所表现出来的情况看，学校设计必须"整体设计、分期实施"，即由规划指导单体，再由单体调整规划。从场所精神角度出发，探索构筑"山水交融、和谐校园"的规划理念，摆脱僵化的校园规划模式，凭借独有的校园文化品格、环境景观风貌、建筑空间情趣、人文气质品格和内在的特色，营造出富有场所特征的校园。设计方案把握了老校区在历史中聚集的底蕴，体验新校区在现实里的成长状态，把握她在未来凝视的精神，塑造其自身特征。

景观规划设计中以"山水校园"为概念，充分尊重基地现状，顺应现有的自然山水骨架。在与建筑规划充分协调的基础上创建以中心主轴为主，周围环境中各种性质的空间相互映衬的校园景观体系。得天独厚的自然环境以及深厚积淀的人文内涵，可通过景观语言再现于各种场所之中为校园增色。校园的水系空间主要以自然式为主，保留了原有的自然水系并通过种植、地形塑造等手法创造生态自然、空间变化丰富的滨水空间。在图书馆前广场设计了临水平台和景观小品供师生们休闲、交流以及亲近山水自然（图 5-10）。

（三）新校园场所回应与空间、文化的融合

场所感的形成是长期积淀的历史过程，建成于不同时代的校园空间和建筑，叙述了特定历史时期的学校发展轨迹，人们能通过直观感知产生深刻印象。安藤忠雄说："建筑并不是简单的形式问题，它也是空间的营造，或者更为主要的是

图5-10　青岛理工大学规划设计方案鸟瞰图

（图片来源：作者参与主持设计项目的自绘图）

作为空间基础的‘场所’营造。我的目标是首先与场地斗争，然后创造一种具有独特场所形象的建筑；室内和室外不是分离的，而是共同构成连续的场所。”

新校区的校园环境加强了对文脉传承和空间体验的推敲，关注“场所精神”的表达，做到“以师生为本”；结合老校区的自然景观特色缔造山水校园；充分考虑校园集群的复杂性、灵活性及可利用性，营造校园的文化氛围。规划设计方案的总体特征包括：(1)现代教育更具开放性、多样化，注重有利于激发师生创意潜力并能充分促进师生交流共享的空间场所；同时，鼓励学习、生活、教学、科研等多元活动融合的高效复合功能组织。(2)注重场地自然生态要素的合理利用、改善优化和功效发挥。以建设绿色校园为目标，校园绿化体现了环保效益和绿地生态效益，设计中保护了校园生态系统的多样性，规划了生态公园，将健康、环保、生态、绿色等元素融入校园设计。(3)在新校区与学校文脉的传承关系上，规划设计注意延续原有校园的历史文化传统和人文精神，营建生态人文校园来陶冶师生情操，塑造优秀品格，形成优良的教与学氛围。(4)新校区与所在场地环境形成良性互动。规划重视校园内部与周边城市环境的整体联系，将整体性理念贯彻于功能布局、景观利用和肌理组织等各个方面；规划强调校园与城市生态、城市发展方面的契合，旨在营造生活化、开放共享型的校园环境。

参考文献

[1] 沈克宁. 建筑现象学[M]. 北京：中国建筑工业出版社，2008.
[2] (英)Matthew Carmona，(英)Tim Heath，(英)Taner Oc 等编著. 冯江，袁粤，万谦等译. 段进译审. 城市设计的维度：公共场所—城市空间[M]. 南京：江苏科学技术出版社，2005.
[3] 丁旭，魏薇. 城市设计(上)：理论与方法[M]. 杭州：浙江大学出版社，2010.
[4] (美)罗杰·特兰克西(Roger Trancik). 朱子瑜，张播，鹿勤等译. 寻找失落的空间：城市设计的理论[M]. 北京：中国电力出版社，2006.
[5] 刘亮，常成云，王昱. "组团型"校园布局规划探讨：以南宁职业技术学院新校区规划为例[J]. 规划师，2005，21(10)：53-55.
[6] 冯刚. 大学与城市的和谐共生：论组团式开放大学校园规划设计[J]. 新建筑，2009(5)：4-9.
[7] 何镜堂，中国建筑学会建筑师分会教育建筑学术委员会，华南理工大学建筑设计研究院. 当代大学校园规划与设计[M]. 北京：中国建筑工业出版社，2006.
[8] (挪威)诺伯舒兹(Christian Norberg-Schulz). 施植明译. 场所精神：迈向建筑的现象学[M]. 台湾：田园城市文化事业有限公司，1995.
[9] 黄世孟. 校园物语：大学总务长日记[M]. 高雄：丽文文化事业股份有限公司，2006.
[10] 冯刚. 中国当代大学校园规划设计分析：兼论组团式大学校园规划[D]. 天津：天津大学，2005.
[11] (美)C. 亚历山大(Christopher Alexander). 赵冰，刘小虎译. 俄勒冈实验[M]. 北京：知识产权出版社，2002.
[12] 何镜堂. 理念·实践·展望：当代大学校园规划与设计[J]. 中国科技论文在线，2010，5(7)：489-493.
[13] 窦建奇，王扬. 当代大学校园在城市层面的聚落环境研究[J]. 中国科技论文在线，2010，5(7)：499-504.
[14] 白羽. 河流沿岸的城市空间肌理生成与规划研究[D]. 合肥：合肥工业大学，2010.
[15] 王建国，徐宁. 场所的延续和营造：江苏省宜兴中学新校区规划设计[J]. 新建筑，2010(2)：58-60.
[16] 吴正旺. 大学校园景观的生态规划与设计[M]. 北京：中国青年出版社，2014.

[17] 黄鹤,(荷)和马町,张悦. 知识城市:大学校园与城市[M]. 北京:清华大学出版社,2016.
[18] 常俊丽,汪辉. 大学校园景观[M]. 上海:上海交通大学出版社,2016.
[19] 王珺哲,刘晓曦. 建筑景观场所与营造[M]. 北京:化学工业出版社,2020.
[20] 周恺. 场所·空间·建造[M]. 北京:中国建筑工业出版社,2021.